宋磊　李雷　许可　甘嘉雯/编著

中华工商联合出版社

图书在版编目（CIP）数据

元宇宙时代的虚拟现实 / 宋磊等编著. —北京：
中华工商联合出版社，2021.11

ISBN 978-7-5158-3252-4

Ⅰ. ①元… Ⅱ. ①宋… Ⅲ. ①数字技术－普及读物
Ⅳ. ① TP391.9-49

中国版本图书馆CIP数据核字（2021）第 257143 号

元宇宙时代的虚拟现实

作　　者：宋　磊　李　雷　许　可　甘嘉雯
责任编辑：胡小英
封面设计：周　源
责任审读：李　征
责任印制：迈致红
出版发行：中华工商联合出版社有限责任公司
印　　刷：北京毅峰迅捷印刷有限公司
版　　次：2022 年 2 月第 1 版
印　　次：2022 年 2 月第 1 次印刷
开　　本：710mm × 1020mm　1/16
字　　数：185 千字
印　　张：14
书　　号：ISBN 978-7-5158-3252-4
定　　价：58.00 元

服务热线：010—58301130—0（前台）
销售热线：010—58302977（网店部）
010—58302166（门店部）
010—58302837（馆配部、新媒体部）
010—58302813（团购部）
地址邮编：北京市西城区西环广场 A 座
19—20 层，100044
http://www.chgslcbs.cn
投稿热线：010—58302907（总编部）
投稿邮箱：1621239583@qq.com

以下人员对本书的写作也有贡献：

（排名不分先后）

彭秀梅　区块链行业投资者

卢文庆　区块链资深玩家

谭绍红　元宇宙理财场景开拓者

王　卓　资深媒体人，传统艺术策展人，元宇宙资深玩家

姚光敏　酒店投资人，区块链资深玩家

卢　旭　区块链资深玩家

PREFACE 序

几年前买了数码相机，还没怎么用就被智能手机取代了。然后有了微信，移动互联网的用户人数很快就超越了传统的互联网。当初诺基亚手机市场几乎是在一夜之间轰然倒塌，而在各个科技领域的竞争其实也是一样的残酷。

就以往科技发展的速度来看，诞生一个科技的新风口要10~15年。可现在是一个快速迭代的时代，许多人都认为这个风口会提前出现。可它究竟会是什么？业内和业外的人们都在寻找。

有人从兼容性和功能性上分析，认为最能承载人们愿望的就是虚拟现实技术。因为它不仅能改变人们和外界的交流方式，还能应用到许多领域，发挥巨大的作用。也正因如此，它在创投领域也炙手可热。

著名企业家扎克伯格认为元宇宙时代已经启动，以后虚拟现实技术会跟人工智能相结合，连接世界并改变世界。随着虚拟现实的发展，以后我们外出可能不用带手机和平板电脑，只需一个虚拟芯片，点击之后，就会出现一个多功能的屏幕，帮你交流、购物等。这种电影里才会出现的情景，因为VR技术的出现，使人们满怀期待。所以我们有理由相信，元宇宙时代的VR就是下一个风口。

虽然VR有那么多优势，能给人们的生活和工作带来那么多好处，但有一个问题摆在人们面前，就是VR需要更高的数据传输速度，同时也必须保证它不会被延迟所影响。在4G时代，这个难题确实难倒了很多人。但现在5G技术出现，让元宇宙时代更早到来，虚拟现实真的可以成为元宇宙时代的新风口了。

现在国内外的商业巨头都在聚焦自己该如何进入VR领域。Facebook出资20亿收购VR企业Oculus，三星、谷歌推出VR头显，阿里巴巴打造虚拟商场，暴风影音推出暴风魔镜……一些影视公司还为VR产品提供内容，例如华纳兄弟和暴风魔镜的合作。随着VR硬件和软件不断丰富以及相关科技的快速发展，它的应用领域将不再局限于军事、影视、游戏、医疗，还可以扩展到农业、应急救援、房地产等行业。它几乎可以在所有的行业全面开花，极大地改变人们的生活和工作状况。

其实有不少人对虚拟现实的认识就像当初对互联网的认识一样：看到了，却没看清。很多人在网上或他人口中获取碎片一样的信息，这些信息还不足以让人真正了解虚拟现实的价值。

本书从消费者和VR创业者的角度，讲解了虚拟现实的优越性和可以制造的商机。包括的内容有：虚拟现实的现状、趋势、存在的问题、应用技巧等。挑选的案例中外兼具，而且涵盖影视、游戏、电商、汽车业、教育业等行业。此外，本书还全面分析了VR对传统行业的巨大作用。

全书共分十章，从布局、趋势入手，随后介绍商机以及如何制造盈利点，然后是运营模式、应用技巧，及虚拟现实技术与其他行业的结合。大家可以整体阅读，也可以挑选自己喜欢的部分进行阅读。

本书以虚拟现实技术为切入点，不仅介绍了相关科技的发展情况，还讲述了商业法则，以帮助想要用虚拟现实技术在商业领域发展的人。

本书在内容上力求细致、丰富，图片均经过精心挑选，语言追求通俗易懂而不失幽默。希望能够带给读者一个轻松愉快的学习过程，并让读者真正学到有用的内容。

CONTENTS 目 录

第三章
元宇宙
中的VR商机：
永恒的体验经济

第四章
新奇：
让人欲罢
不能的新鲜感

第五章
借力：他山
之石可以攻玉

第六章
运营模
式：虚拟现
实的内外兼修

第七章
商业
应用：给你
一个异想世界

第八章
全面
了解：关于
VR的一些知识

第九章
虚拟现实的
超强实际应用

第十章
虚拟
现实与各个
行业的结合

第一章

元宇宙风口：

5G让虚拟现实成为可能

从虚拟现实的概念出现那一天起，它就受到了社会各界的关注。人们对于虚拟现实的好奇心很大，期待也很高。但由于信息传输速度的限制，虚拟现实难以走进人们的生活。随着5G技术的出现和普及，元宇宙的风口已经形成，虚拟现实将成为可能。

5G让元宇宙中的虚拟现实真正进入我们的生活

5G技术让信息传递的速度变得更快，也让元宇宙中的虚拟现实能够真正进入到我们的生活。在4G时代，我们的手机网速没有那么快，导致我们无法使用一些对信息传输速度要求高的功能。但是5G解决了这个难题，让元宇宙时代早日到来，更令虚拟现实有了快速发展的重要基础。

信息传递速度对于整个世界的发展都至关重要。4G技术带领人们进入移动互联网时代，移动网络从以往缓慢、不舒适的体验，变为了流畅、舒适的体验。而5G技术的出现使信息传输速度进一步提升，虚拟现实技术将从中获得巨大的优势。5G技术就好像是给虚拟现实量身定做的技术一样，有了它的加成，虚拟现实才能够向世人展现出它的价值。

发展虚拟现实技术会遇到很多困难，设备的体积太大，是影响虚拟技术发展的一个重要原因，比如你可能需要一个高端计算机，它的体积可不小。但5G会让这种情况得到改善，网络效率会有百倍提升，延迟将有十倍减少。5G所带来的速度将有可能解决虚拟现实面临的最大难题。相比4G来说，5G支持连接更多的内容，物联网和VR应用程序都可以因它而变得更加强大。

VR技术需要把电脑芯片和显卡从传统端转移到云端，然后通过无线的网络进行连接。这样一来，没有了线路的束缚，VR可以随时随地给我们提供服务，最大程度地给我们的生活带来便利。

由于5G技术的信息传递速度很快，追踪器可直接应用在头显上。到时候头显的技术会更加成熟，相应的，它的成本也会有所降低。对图形芯片进行超快的连接，这是云计算的条件，而5G技术恰好可以满足这个条件。有了5G技术的加成，VR对于云计算的速度要求得到了满足，便能更快、更好地发展。

在智能手机端的VR应用，一般都是相对独立的APP。比如，用户可以使用相应的APP观看VR视频。这些视频所占据的空间非常大，因为它与传统的视频有很大区别，它是高清的全景视频。一条几秒钟的视频，就可以达到几十甚至几百兆。如果我们的技术依旧停留在4G，这样的视频是无法观看的，但5G技术的出现，让它成为人们日常观看视频的方式。

5G技术拥有快速传输信息的能力，这让VR有了生根发芽的土壤，让虚拟现实有了坚实的地基。在5G技术之上，虚拟现实可以真正进入到我们的生活，不再只是看得见却摸不着的空中楼阁。

5G技术可以让开发人员在开发VR产品时免去后顾之忧。高速的信息传递速度，让VR产品可以涉及的范围更加广阔。在很多领域，都可以借助VR技术来创造出一个“沉浸式体验”（提供完全沉浸的体验，使用户有一种置身于虚拟世界之中的感觉）。这样用户可以不必真正到一个环境当中去，就可以体验在那个环境当中的真实感觉，即可以远程体验很多内容。

除了VR之外，5G技术也会使元宇宙中的其他技术变得更加普及。AR是增强现实技术，它可以将虚拟信息和真实世界融合在一起，对现实世界进行一种“增强”，让人的感受更为强烈。与VR一样，在5G技术的帮助下，AR和元宇宙的其他技术也将会在未来得到前所未有的发展和应用。

5G技术将会给虚拟现实带来很大帮助，同时也将人类早日带进元宇宙时代。有了5G技术的支持，我们不再被网线限制，我们可以让信息更加自由地联通。这让整个世界都变得更加扁平化，也让元宇宙中的虚拟现实能够成为惠及每一个人的技术。

VR将借助5G和元宇宙概念实现高速发展

VR的概念已经火了几年了，在这几年里，资本对于它可以说是青睐有加，很多大的科技公司也都在这方面进行积极的探索和努力。

实际上在这个概念还没有火之前，就已经有人在做这方面的研究了。比如，苹果公司早在10年前就已经在做虚拟现实技术相关方面的研究，它还推出了ARKit开发平台，并提供多款开发工具。在VR以及AR领域，苹果还有不少硬件专利，并且收购了一些相关的创业公司。

虽然苹果公司有很强的实力，在虚拟现实技术领域的研究也已经进行了很多年，但是这项技术毕竟在元宇宙概念出现之前是不好发展的，所以苹果传出了关于头戴设备团队解散的消息。虽然不知道这个消息是否属实，但由此可见VR技术发展的不易。当然，苹果表示今后依旧会在虚拟现实技术方面构建生态体系。

VR技术虽然是万众瞩目的，但是它的发展并不算太顺利。VR之所以发展得十分艰难，很大一部分原因是虚拟经济不够成熟，以及受到网络传输速度的限制。5G技术出现之后，元宇宙概念得以引爆，元宇宙时代即将到来。当前商业界人士普遍认为，5G和元宇宙概念加速了AR和VR产业的发展，而AR和VR产业同样也是元宇宙时代发展的重要需求。

5G技术和元宇宙时代带来的改变是颠覆性的，它会给人们的工作、生活和娱乐全都带来重大的改变。特别是在沉浸式4K视频、虚拟现实、自动驾驶这些方面，应用会非常广泛。5G技术会对VR的体验产生重大影响，而元宇宙世界中，虚拟现实产业不可或缺，这在VR行业是一个共识。

当我们了解5G的特点之后，就可以知道为什么它能够给虚拟技术带来重大助力了。5G能够提供的峰值数据速率为每秒20Gb，就算是处于蜂窝基站覆盖的边缘地带，它的数据速率依旧很高，可以达到每秒100Mb。在这样高速的数据传输之下，延迟变得很小，很多先进的技术可以得到应用。

对于虚拟技术来说，5G能够提供的帮助主要是三方面：网络均匀性变得更好、网络的容量变得更高、网络的延迟变得更小。

虚拟技术发展的一个重要阻碍就是网络的延迟，延迟会严重影响虚拟技术的使用，也会让使用者的体验变得很差。5G技术能够提供高速的数据传输，将网络延迟这个“拦路虎”赶走，为虚拟技术的发展铺平道路。

在VR设备当中，信息的数据量是很大的。在手机里，一张非常清晰的图片并没有多大的数据量，但是如果将这样一张图片放置到VR场景当中，就会特别模糊。VR对图像有特别高的要求，一定要有足够大的数据量，才能提供出清晰的图片。而5G技术正好给这样的数据量提供了可以传输的平台，让VR技术有健康发展的可能。

5G技术提供的网络整体的速度更加均匀，不会有网速特别低的区域。这相对于以前的网络在一些地区往往会没有信号，是非常大的进步，相当于给网络建立起了真正全面覆盖的高速公路，不再有覆盖不到的区域。这也让VR的相关设备能够在几乎任何区域流畅使用。

5G技术对于VR来说太重要了，有了5G技术之后，VR才可以真正被人们应用到实际的工作和生活当中，也才可以实现元宇宙相关技术的高速发展。

5G技术对于元宇宙和VR的作用，就像是高速公路对于车辆的作用一样。一辆跑车虽然很能跑，但如果没有良好的道路情况，它也无法正常前进。5G技术能让VR在自己的高速平台上运转起来，让VR能够进入到人们的日常生活当中。

当元宇宙真正进入人们的生活，资本自然会向它聚集，人们自然会对VR技术更加重视。当众多的资本聚焦到元宇宙概念上来时，VR产业自然就可以随之实现高速发展。

虚拟现实的现状

如今，在科技界不提及虚拟现实，都显得有些落伍了。可究竟什么才算是虚拟现实？很多人的认识还只局限于虚拟头盔、虚拟眼镜这类视觉产品。其实虚拟现实早已不是这么简单。下面我们就从国内和国际两方面来看虚拟现实的发展现状。

世界移动通信大会在巴塞罗那举办时，虚拟现实成为诸多设备制造商和通信运营商的焦点。虚拟现实产品可满足通讯、制造、金融等方面的要求。大会期间还有诸多交流体验活动，有助于新产品的研发。

扎克伯格在大会上展示了公司新研发的虚拟产品Gear VR。Facebook的用户，只要登入相关账号，就能看到全景视频。扎克伯格说：我儿时，父母用笨重的相机，记录我的成长。现在我用手机拍摄侄子走路的样子。等到我女儿长大，我将用Gear VR拍摄，并在线传送给亲朋好友。

据悉，在Facebook上观看全景视频的用户每天超过100万。扎尔伯格对外宣称，将凭借虚拟现实技术打造更具互动性的活动来吸引消费者。

在国际消费类电子产品展销会上，虚拟现实产品和游戏占据了77%的展台，可见VR技术的热度。许多高科技设备的爱好者、使用者，以及投资人参会。50余家厂商展出了用途广泛的硬件和精彩的内容。观众在展台前面排队观看，人流量远非其他产品可比。

到会的知名企业有索尼电子娱乐、微软、惠普、HTC、Oculus VR等。展会上最引人注意的产品是Oculus Rift，出品方宣布其价格和预售时间后，用户大声欢呼。它预示着业内最优秀的VR设备即将走进人们的生活。预售当天，产品15分钟就被抢购一空。也有一些企业采用联合展出的方式，比如Virtuix公司推出的全向跑步机，可以同其他公司的产品组合使用。

我国参加本次盛会的企业有1416家，是参展总数的1/3。这足以证明，我国VR产业有巨大的发展潜力。展示的产品包括：无人机、智能手机、无人驾驶、试听娱乐、智能家居等。其中最具影响力的产品是上海乐相推出的大朋VR一体机（见图1-1）。该设备的分辨率为2KB，像素转换时间为1ms，价钱只有2999元。

大朋VR一体机采用银色作为主色调。为了减轻重量，采用塑料材质，面罩可拆卸，内置散热风扇，触碰板的灵活性可比Gear VR。应用页面包括3D电影、全景视频、应用市场三大类，每个大类中又细分出很多子类，比如，全景视频分为竞速、风光、歌舞、惊悚。

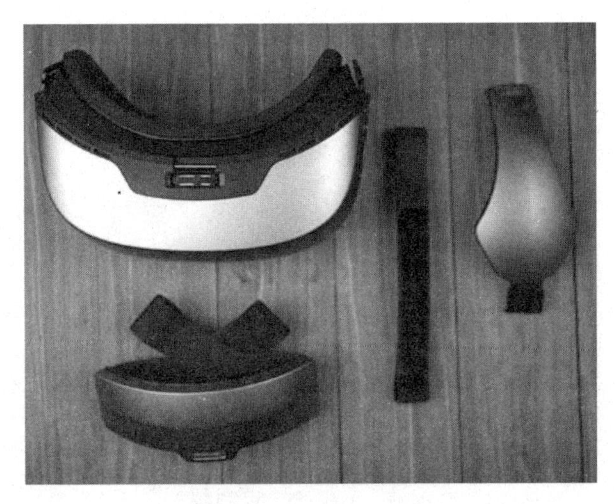

图1-1　大朋VR一体机

从商业的角度来衡量一款产品的好与坏，主要看外观、性能、价格、使用习惯。如果我们采用移动设备和手机组合的使用方式，不仅操作烦琐，而且成本至少需要1万元。大朋采用一体机的方式，并打造丰富内容，推出亲民价格，必将占领巨大的市场。

现在，一些游戏开发者也利用性价比叩开消费者的大门。比如，索尼推出的PlayStation VR，售价399美元；HTC Vive，售价799美元。但是有用户反馈有游戏制作不精良、影视作品画面不流畅等问题。这些正是VR运营商需要解决的问题。

总之，从国际和国内的VR产业来看，它已经是经济发展的大趋势。扎克伯格等商界精英已经明确指出，未来10年，VR产品将是市场的主流。就现在来看，一些VR产品已经点燃了消费者的热情。此外，有微软、索尼、谷歌等知名企业的推广，这个市场的影响力，有可能像智能手机一样强大。

名企对VR的态度

早在几年前，雷军就已经向外界公布：小米科技将进军VR领域。随后小米成立VR实验室。同年4月，华为推出一款类似Gear VR的设备，该设备还支持微信显示功能。在这之前，LG、腾讯、英特尔、Facebook等企业已经捷足先登了，采用办法分别为抓主流、多维度、拼实力、强强联合几种方法。

就目前来看，虚拟现实应用最广的领域就是全景摄影，于是LG推出了全景相机“360Cam”。致力于全景摄影的企业有很多，比如，微软、乐视、暴风、谷歌、三星等。既然选择主流，各企业就难免要在实力和战术上进行比拼。微软用5年时间，研发出全息眼镜（见图1–2）。佩戴者可以通过手势控制视线中的虚实对象。谷歌推出增强现实眼镜，功能和手机一样，还

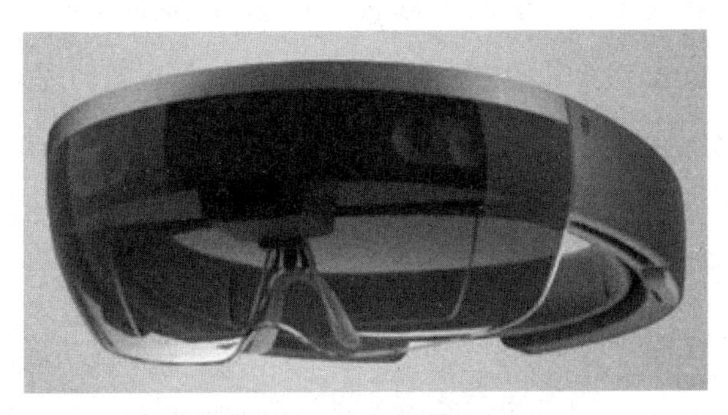

图1–2　全息眼镜

能将采集到的信息进行拓展。谷歌的另一款产品，能根据周围环境进行3D建模。索尼公司致力于VR技术和游戏的结合，其主要负责人吉田修平认为，虚拟现实技术将是游戏界的终极武器。超微半导体公司利用虚拟技术提高用户在游戏和娱乐上的超级体验。

但是只凭借产品，而忽略商业模式的企业，很可能后续乏力，所以还要全方位研究自己的运营策略。

阿里巴巴在虚拟现实领域的布局，值得许多VR从业者借鉴。其管理层围绕内容、硬件、购物场景，分阶段打造一个多维度的虚拟现实平台。

“愚人节”期间，阿里巴巴推出概念视频，展示未来购物才能出现的情景。此外，为了给用户真实的购物体验，它还会采用3D技术，制作数百万精细的商品模型。

百度公司也采用阿里巴巴的运营模式，先是打造内容，然后通过硬件扩展应用场景。

在这个以内容为王的时代，阿里巴巴的办法堪称以稳求快。此外，还能迎合市场不断细化、快速迭代。有些企业家说，自己对VR原本不了解，所以很难像阿里巴巴那样布局。这就有必要采用强强联合的办法。

如果论及这些年企业在VR领域的大手笔，Facebook出资30亿美元收购VR制造商Oculus必然算其中之一。扎克伯格对虚拟现实的理念是：VR想要快速发展，必须通过出色的硬件、价格、服务，走进大众。Oculus的硬件被业内人士称为领头羊。企业选择这样的伙伴来联合，首先在口碑上就占有巨大的优势。

Valve和HTC联合打造虚拟现实产品HTC Vive，邀请姚明做代言；英特尔公司针对当下体育热，收购增强现实体育产品制造商Recon Instruments。

时代在变，名企对热点的态度及采取的方式都要做出一些改变。改变的立足点就是分析自己的处境，然后采取更好的招式、利用最佳的时机去发展。比如，制造业可以以硬件为先导，进行布局；服务业可根据内容，提升技术、打磨硬件；综合类企业要打造平台。

总之，名企想要在VR的道路上越走越宽、越走越快，硬件、内容、合作、社交等环节要统一发力。而且当下VR产业的发展状态还处于萌芽期，企业想要占据优势位置，必须有正确的态度，才能打造更大的格局。

完美虚拟出来的现实世界

VR技术并不是一个新兴的技术，早在20世纪80年代，它就已经被人提出来了。它的出现，就是为了给人们创造一个虚拟出来的现实世界。利用计算机超高的运算速度，将众多的信息融合到一起，可以模拟出一种仿真的环境，让人完全沉浸到这个环境当中，产生身临其境的感觉。

当VR技术发展到一定的程度，就可以提供给我们一个完美的虚拟出来的现实世界。在这个虚拟出来的环境当中，我们既可以体验到现实世界的感觉，又不用像现实世界中那样受到各种条件的制约。在这样的虚拟现实当中，人们可以充分发挥自己的想象力和主观能动性，做出很多非凡的事情。

我们可以在虚拟现实中进行各种交互行为，这和我们在现实里做的行为是一样的。比如，我们可以通过手势去控制一些内容，只要戴上相关的手套，就可以在虚拟世界里做出各种各样的操作。而我们头上戴的设备，可以让我们在虚拟世界当中转换视角，获得和在现实当中一样的体验。当我们穿上VR相关的服装，上面的触觉反馈装置会给我们带来触觉上的感受，就像我们真的处于虚拟出来的环境当中，在身体上产生各种真实的触觉感受。

刚开始的时候，为了体验虚拟现实的技术，人们穿戴的设备会比较笨重。随着VR技术的发展，我们身上穿戴的设备会越来越轻便，各种细节方面的技术也会更加完善。比如，眼球追踪的技术、动作捕捉的技术等，都会变得更加先进。这些技术的完善，能够给人们带来更好的体验，让虚拟现实变得更加逼真，无限接近真实的世界。

虚拟现实技术会给人们带来非常真实的感受，它的视觉效果是3D的，不过它的实际体验要比现在我们看到的3D电影要好得多。

在通常情况下，当人眼的视角固定，眼睛能够看到的范围是120度。3D电影提供给人们的就是120度的观看范围，也就是说人们只能看向屏幕，才会有3D效果，只要一转头看向其他地方，就没有3D效果了。这很难让人沉浸其中，也无法真正带给人现实一样的感受。

虚拟现实技术则不然。在VR设备的帮助下，人们可以让自己沉浸在一个720度的完全没有死角的虚拟世界当中。在这里，你可以随便看哪一个方向，向前、向后、向左、向右、向上、向下都能看到虚拟出来的场景。这样的场景和现实几乎是一模一样的，它让人完全沉浸其中，感受到和现实一样的感觉。

随着VR技术的进步，虚拟出来的世界会越来越接近现实，带给人非常真切的感受。在完美虚拟出来的世界当中，人们可能逐渐分不清现实和虚拟，这是虚拟现实技术目前要达到的一个目标。

评定一个VR设备的好与坏，其实主要就是看它能否给人们制造出一种非常逼真的现实场景，能否让人沉浸其中。一个VR设备越好，它所制造出来的虚拟场景就越逼真，带给人的沉浸感就会越强，也越让人分不清这是虚拟还是现实。

现在的VR技术还无法做到让人完全沉浸其中，它只是能给人们提供一个虚拟现实的场景而已。当VR技术从视觉、听觉、触觉、嗅觉、味觉这五个感官方面都能提供相应的信息，让人能全方面接触到这些信息，就可以提供一个完美虚拟出来的世界了。到那时，VR技术给人们带来的就真的是一个全新的世界。

第二章

元宇宙中的VR趋势：
虚拟现实的优越性

对于新生事物，不少人容易盯着它的不足之处，只有少数人能看清它的优越性和巨大潜力。目前虚拟现实的产品存在价格昂贵的劣势，但是从整体来看，它有很大的优越性。随着虚拟现实技术的发展，虚拟现实产品的价格也会变低。

元宇宙时代，虚拟现实对诸多行业的颠覆

提到颠覆这个词，许多人马上会想到取而代之，但虚拟现实只是丰富了诸多行业的表现方式，从而给大家带来更好的体验。

影视业

VR作为视觉产品，影视业率先被冲击是必然。它丰富了导演打造故事的方式，也给观众耳目一新的感觉。据相关部门估算，至2025年，影视企业对VR的投资将达到32亿元。

就目前来看，面向成人制作的VR电影已经开始发力。比如，《封神》《奇异博士》等。未来将出现更多形式的影视作品，甚至会革新整个影视行业。比如，许多小说中提到的幻境，VR可以完美展现。现在依靠虚拟技术制作的机器人，不仅有回答问题的能力，还能为用户唱歌。电台可以通过它来改变制作节目的方式。

我们再从观影的角度上来看，电影可以拥有很多视角，一些观众通过使用不同的VR产品，能体验不同的视觉效果。此外，一些相关技术的应用，能够给用户更加真实的感受。比如在有些电影院，观众在观影的过程中，可以闻到影片中食物的味道。

相信，随着虚拟现实技术的不断发展，电影能够实现和用户的互动，观众可以通过角色的选择，来影响剧情的发展。

游戏业

从国内和国外的一些游戏来看，它们的共同点就是，把玩家放置在一个虚拟世界中。比如，《仙剑》《魔兽世界》等。用户不仅追求逼真，还要求炫酷。这就要求游戏运营商不断提高技术和创新理念，从而使VR技术有更广泛的用户群。

VR技术最先成熟的领域就是游戏业。据调查，30%的高端玩家愿意购买先进的VR设备，其他玩家也青睐VR产品，影响购买的主要因素在于VR产品还没普及，价格有些高。此外，从VR技术嫁接的设备来说，它对计算机和手机的配置要求比较高。因此最好先在一线城市进行推广，同时，要以移动互联网的用户为侧重点，以求得到众多“粉丝”。

电视直播

影视相关部门做过一个统计，收视率最高的节目就是体育直播。究其原因，运动是大多数人的喜好，但是受时间、场地等因素的限制，许多人无法亲临现场观看比赛，直播行业的存在正好满足他们的需求。但是传统的直播方式很难给观众临场感。这就需要借助VR技术。

Next VR是全球顶级的VR直播公司，早就采用了立体视频的播放方式。篮球巨星科比的告别赛，公司进行全程VR直播，用户可以听到现场观众海啸般的呐喊声，而不是解说员过多的评论。

据悉，时代华纳、曼德拉娱乐集团等企业都是Next VR的合作方。现在Next VR也把视角转向我国VR市场。从用户人数来讲，我国有庞大的用户群体。此外，智能手机的普及，也扩大了VR技术应用的场景。

Next VR不仅注重虚拟现实技术，还拓展使用的领域。比如，电影、纪录片、音乐、旅游等。我们可以想象，如果《舌尖上的中国》采用VR拍摄，必然是视觉盛宴。

有人会问，VR摄制是不是需要很高的成本？Next VR主要负责人DJ Roller解释说："如果从技术层面来看，必然要高于普通的电视直播，但是不需要评论员、主播，因此可以节省很多人力资本。"

VR直播最大的优势就是，能给观众身临其境的感觉。也许用不了多久，随着VR技术的普及，直播领域将掀起新的变革。

设计业

设计的几大种类为工业设计、环境设计、平面设计。我们就以环境设计为例，以往设计公司会精心制作效果图和沙盘，但是对于大多数用户来说，还是不够直观。现在采用虚拟技术，不仅可以解决大家在视觉上的问题，还能提供触觉、听觉等感官体验，必将推动设计行业的发展。

医疗业

许多人都听说过音乐疗法。可以试想一下，把音乐疗法和虚拟技术结合在一起的效果。比如，音乐和晨跑相配合，不仅能缓解患者的心情，还能提高其身体机能。此外，虚拟技术还会给医生提供诸多辅助。比如，用远程视频对患者进行心理疏导、诊断等。

此外，虚拟技术还会颠覆社交、旅游、教育、房产等领域，不仅可以帮助人们实现梦想，还可以节省时间和资金。由此可见，虚拟技术是诸多产业的又一次革命。

人工智能和虚拟现实的结合

业内人士把VR称为“计算机的下一个平台”，并认为人工智能化是其巨大的助力。从工业的角度来讲，我国现在努力发展智能机器人，目的就是为了赶超发达国家的生产效率。要是把人工智能和虚拟现实相结合，必然会有更多的应用场景，从而为人们的生活提供巨大的帮助。

近几年，人工智能和虚拟现实发展迅猛，使原本存在于人们梦中的事物，变成现实。比如，海尔采用物联网技术，用户只要用手机就能操作海尔的相关产品。要是科研部门能设置虚拟环境，一定会有更好的检测效果。

目前人工智能和虚拟现实经常在电影中组合出现。比如，《黑客帝国》《我的机器人女友》《忍者神龟》等。我们在《忍者神龟》中看到了由上述两种技术结合而成的传送门，可以把人类送到变种时代。这未来的世界说起来太遥远，我们还是想一想10年后世界的样子吧。有学者指出，当下计算机运算能力提升1倍的时间是1年半。就现实情况来看，速度也差不多。

如果把计算机科技和其他科技相结合，人类科技发展的程度将呈现指数增长的趋势，而且随着势能不断加大，速度将越来越快。比如，一些国家已经通过多种技术研发数字化铁路了。

人的期望可以分为还原和展望两种。前者是希望事物恢复最初的样子。比如，把被破坏的历史遗迹修复如初；后者是希望事物达到理想中的样子，比如，德国生产可以烹饪的机器人，就机器人来说，它是人工智能和虚拟技术最好的体现。

所谓人工智能，是指以科技为依托，研发出的一种可以模仿人或扩大人类能力的科学。其主要内容包括图像识别、机器人、自然语言处理。其中最尖端的，是对人的思维和意识进行模拟。

关于机器人战胜国际象棋选手、围棋选手的报道很多。许多人认为人工智能就是机器人。这是拿形式当内容。其实人工智能不是一个具象的概念，它是一个程序或代码，储存于手机、计算器、服务终端机或云端中，比如微软小冰、微软小娜、深海机器人、汽车自动驾驶系统等。

图2-1　微软小娜

微软小娜（见图2-1）是微软公司开发的智能助理产品。通过了解用户的习惯和喜好，来为用户安排日程、回答问题等。这种交互方式并非储存式的问答，而是基于人工智能来对话或操作。比如，用户的日程上标明有会议要参加，微软小娜就会把手机调成会议模式。

现在微软小娜已经有中文版，形象为可爱的小面团。用户下载微软小娜后，可通过设置提醒来管理自己的日常工作和生活，其基本功能分为聊天、交通、查询、提醒、通讯、娱乐、必应美图、召唤小冰。每个功能都有很多用法，比如，聊天功能可以唱歌、讲故事、成语接龙、模仿宋小宝等。

目前，微软和一些家电、汽车公司联合开发微软小娜，以扩大它的使用领域。

微软小娜和以前强调有用性的人工智能有很大的不同，那就是注重和人类情感的连接。这种连接可以凭借虚拟技术得到很大提高。比如，有一年世界杯，球星齐达内用头撞击对手被罚下，从而导致法国国家队失利。如果只用人工智能塑造齐达内，我们只能看到他的冷静和高超的足球技术，但是一场比赛还包括情绪控制、意外等因素。这时我们则可以利用虚拟技术来测试人的心理反应、意外事件发生造成的影响，此后再结合人工智能，才能更好地解决问题。

人类情感是人工智能和虚拟技术结合的纽带，所以许多行业在利用虚拟技术提高人工智能。有人担心这些高端技术会给人类带来巨大的威胁，其实这是一把双刃剑，关键要看我们如何应用。

仿真技术和虚拟现实哪个更优越

对于仿真技术和虚拟现实哪个更优越这个问题，有些人可能感到疑惑。其实这个问题很简单，虚拟现实技术实际上只是仿真技术里的一部分，我们使用虚拟现实的技术，就是为了达到仿真的目的。所以其实仿真技术整体是高于虚拟现实技术的。

我们可以借助VR技术打造极具沉浸感的仿真环境，提供给参与者全方位的感官体验。仿真技术以信息技术、相似原理、系统论、控制论为基础，以计算机及VR设备为工具，对设想或实际的事物进行系统的模拟。

仿真技术产生于20世纪50年代，起初应用于电力、航天航空、军事、工程、化工等领域。虚拟技术最早服务于军事，通常与网络技术、仿真技术结合使用。比如，为部队虚拟真实的作战环境，不仅可以减少意外伤亡，还可以节省大量军费。

在航天航空领域，虚拟现实技术也应用广泛。美国国家航空宇航局利用虚拟技术，模拟火星地表、操纵空间站、研发航天器等。VR技术不仅能模拟真实环境，还能创造出不存在的环境，帮助人们预防意外的情况。

波音777是由美国波音公司设计的宽体客机，具备载客多、运行时间长的优势。设计该机的过程中，采用了虚拟现实技术中的CAD绘图技术。该技术的特点是，整个设计流程不采用传统的绘图方式，而是先利用电脑，打造一个虚拟的波音777（见图2-2）。设计师在操作的过程中，可以快速而准确地发现误差，这样打造出的零部件才能更好地组接。此外，还减少了开发时间和成本。

图2-2　波音的虚拟技术

据悉，为了这款飞机，波音公司共用了2200台计算机。除了对机身的打造反复使用VR进行测试，还模拟温度、地形、驾驶员的使用习惯等来改进相关设备。比如，减少驾驶员手动操作的程序，以减少其工作负担。采用全数字飞行控制系统，以避免飞行员因紧张做出错误的操作。此外，还有近地警告系统。

目前，波音公司的飞机系统实验室依旧采用VR技术，反复测试和改善飞机的性能。比如，模拟极地气候、热带气候，以扩大飞机的应用空间。

除了航空航天业，各领域都能根据具体需求，找到与VR的结合点。据铁血网报道，目前VR在军事上的应用主要包括以下几个方面：模拟作战区域的环境特征，训练者体验真实的战场环境，利用相关设备与对象形成互动，从而设计出更符合实际要求的产品。

现在美国“虚拟作战指挥中心”就能打造出与战场相似的环境。处于不同地区的士兵，还可以通过《军官虚拟现实教程》来学习实战技巧，极大缩短了军方培养士兵的时间。

在建筑设计、城市规划、防灾害、交通运输等领域，虚拟现实技术也作用巨大。比如，美国打造的虚拟建筑三维模拟系统，可减少由建筑误差造成的巨大损失。针对一些灾难，虚拟现实可以预测出伤害程度，从而能为预防措施提供很好的参考。

随着仿真技术的发展，越来越多领域都采用仿真技术。尤其一些无法在真实环境中做测试的行业，对其更青睐有加。比如，交通控制、人口控制等。总之，虚拟技术的发展必然会增加仿真技术的实用性，而且随着市场的细化，会找到更多的着力点。

虚拟现实的瓶颈

虚拟现实技术相对于其他技术来讲，有很多优越之处。但在看到它的优越性的同时，我们也不能忽略它在发展的过程中会遇到的一些瓶颈。只有看清楚虚拟现实技术发展的瓶颈，才算是对它有了真正客观的认知。

目前，许多大城市的产业创意园都成立了大型VR体验馆，还有一些地方有VR主题公园。有人认为这将是VR发展的主流。还有人认为，在人流密集处开设网吧一样的小型虚拟现实体验馆，更符合大众化的发展理念。

运营空间的大小并不是虚拟现实发展的关键，最主要的是产品。我们先要有一台配置很高的电脑，这样才能使良好的VR产品发挥最理想的效果。此外，配套的传感器也必不可少，否则无法给用户提供最佳的体验。

目前的情况则是只有一些大型体验馆有良好的配套设施。这就好比大家都想去看电影，但却只有一小部分电影院能给大家提供最佳的视听效果，这就会使很多人的需求得不到满足。现在如果能有一套设备，在客厅里就能营造体验馆的氛围，VR技术的发展就达到更高的层次了。下面我们就来看一款适合在小空间内使用的VR产品。

在加拿大的温哥华召开过一次创意分享大会，商界、娱乐界、设计界的诸多名流云集于此。微软的两位创始人比尔·盖茨和保罗·艾伦、亚马逊创始人贝佐斯、导演斯皮尔伯格、明星哈里森·福特、《阿凡达》导演詹姆斯·卡梅隆等，都来参加这次大会。

会上展示了10个以上的虚拟现实产品，上述嘉宾和现场观众最青睐的是The VOID，主要用来体验游戏（见图2-3）。从外表上看，它不光是一个简单的头戴显示器，而是包括头显、手套、马甲等一系列的配件。其创始人Ken Bretschneider说："The VOID就是专门为娱乐打造的设备。"

商界代表体验过The VOID后，争先恐后要和Ken Bretschneider谈合作。梦工厂、迪士尼、谷歌、微软、索尼、微软等都希望和他进行合作，斯皮尔伯格也表示："这是最棒的VR产品。"

图2-3 The VOID的影视体验

有人认为，这么好的设备，一定会有一支庞大的创作团队，可它却是Ken Bretschneider的个人产品。它除了能制造极佳的视听效果，还采用无线传输的操作方法，使用起来更方便，能让用户在小空间内体验到广阔的虚拟世界。

我们从如今VR行业的发展来看The VOID的前景。一些游乐场所只能采用VR产品体验过山车等特定项目，小型虚拟网吧还没有成功的案例。The VOID则有很宽广的运作空间。虚拟现实遇到的瓶颈由此也可以看出来，即设备的简化是个难题。

我们再用The VOID和虚拟现实主题公园Zero latency做下对比。该公园有世界公认的虚拟现实设备，主要项目是游戏。游戏场所是400平方米的室内场馆，需要6位玩家来共同完成，体验1小时的费用大约为440元人民币。

上述经营模式显然不符合我国的用户习惯。我们如果想和朋友一起去玩游戏，首选就是网咖或电玩城。VR产品的使用成本太高，再加上网咖和电玩城的场地有限，这严重制约了VR的发展。

由此来看，个人虚拟现实最有可能成为主流。要是我们有经济能力购买The VOID，可以用来体验的项目不仅随心所欲，还不受时间的限制。在消费个性化的年代，这正符合诸多游戏玩家和影视爱好者的需求。

不过现阶段的VR产品还有很多不完善的地方，想要实现个人虚拟现实还有很长的路要走。但很显然，个人虚拟现实设备将会成为趋势，正如照相机逐渐变成个人设备的发展轨迹一样，VR设备将不再是属于某个场地的专属设备，而是众多用户的个人物品。

综上所述，在短时期内，大型虚拟体验馆依旧是大众消费的主流。而且从优胜劣汰的角度来看，一些跟风而起的小型VR体验馆将被淘汰。随着VR产品的质量提升和普及，大型体验馆将以电影院的方式来吸引观众，而虚拟现实的产品会像电脑、电视一样，发展成为个人产品。

关于虚拟现实的展望

就目前来看，虚拟现实的发展势头不可小觑。除了商业巨头进军VR行业，一些设计师、VR喜好者、开发商也涉足这一领域。

从用户方面来看，最关键的就是游戏玩家。据相关部门统计，每周玩游戏时长超过22小时的玩家约有3400万。如果虚拟现实设备的价格能够下调，必然会获得众多的潜在客户。现在，随着VR市场的激烈竞争，一些经济学家预测VR设备的均价每年会有10%左右的下滑。

关于虚拟现实被大众采用需要的时间，高盛公司指出，虚拟现实很难像智能手机那样异军突起，但是从长远的角度来看，它很有可能取代智能手机。

我们再从百度指数来看VR的发展速度，仅仅一年的时间，VR的相关搜索指数就上涨了3万多点。可见关注虚拟现实的人越来越多了，这也为它的普及奠定了基础。

如果从地域和人群来分析百度指数，华东、华北、华南位列前三，可见经济发达地区是VR行业发展的重要落脚点。关注的人群中，20至40岁的人是主体，其中男性人数比女性高出4倍。从购买能力上看，VR技术也抓住了消费的主体，可是如何才能带动盈利，还需要做更多尝试。

嫁接大屏电视

据高盛公司预测，VR设备在大屏幕电视市场的普及率可能马上就会达到8%。此外，用户对大尺寸虚拟屏幕的需求也将提升5%。现在是讲求视觉冲击力的年代，我们打造VR产品，不仅要注重自身，也要重视和它相关的产品，比如，手机、平板电脑、电视等。

据悉，索尼公司不仅在高端设备和价钱之间寻找平衡点，还致力于打造更符合用户需求的显示器，势必会赢得更大的发展空间。

可移动

时下，人们追求快捷、方便，所以移动互联网用户已远远超出互联网用户。因此VR设备也要注重可移动性。据统计，目前使用移动式VR的用户已经超过500万，而且增长的速度很快。

Google Cardboard是很亲民的移动VR设备，价位不超过100美元。游戏和视频有360度视角。不可移动的VR产品有Rift，600美元；Vive，800美元；Rift，600美元。这几款显然不符合我国用户对千元机的青睐。

Google公司对外承诺，尽管Google Cardboard价位低，但是在技术环节也力求卓越，并将通过量产的方式，惠及更多的用户。

一款产品想要普及，做好性价比是首要。Google公司此举必然会获得众多用户的支持。

内容

大家一定已经熟悉超级IP这个词了，它就是以内容为核心去连通诸多领域。VR公司一定要有这样的理念，我们不仅要打造好的产品，也要打造好的内容，这样才能树立品牌。

有人说，自己没有能打造内容的团队，那么可以用好的产品去联合。切记，真正决定企业成功的，不是产品的外在，而是它的内容。

拓展领域

我们不能把VR的使用领域局限在娱乐和游戏上。其实许多社会热点问题，VR都有使用的空间，比如我们可以利用VR技术检测雾霾对人体的伤害，从而找出预防和医治的办法。

配套设备

以往的VR产品大多是头戴式显示器，很难满足用户在触觉上的需求。HTC创新推出一款手部追踪控制器Vive，可以帮助用户和虚拟世界简单互动。相信，未来一定会有更多配套产品出现，迎合用户的多方面需求。

一体化

尽管VR很热门，但是优秀的公司却是分散的，西雅图、东京、深圳、伦敦、新西兰等大城市都有很知名的VR企业，可是无法满足其他地区VR爱好者的需求，也降低了自己的影响力。这些企业有必要通过联合的方式互通有无，并且在全球多设分公司，以吸引更多的用户。

发现趋势很重要，但是能抓住关键点和变化，才能保证更好、更快地发展。

从5G技术看VR的潜力

5G技术对于VR来讲是至关重要的。5G商用时代的到来，为VR的发展打下了坚实的基础，也被业内人士认为是VR相关产业翻身的绝佳机会。VR对5G技术可以说是期盼已久，5G时代的到来让VR相关产业如同久旱逢甘霖一样畅快。

VR发展当中一个巨大的制约因素就是网速，5G将充分激发VR的潜力。5G技术将会改变VR产品的发展状态，也可能使VR产品的形态以及体验方式得到优化。VR将在更多的行业和领域得到发展，实现全方面地爆发发展。

VR几乎可以在所有的领域得到应用，在工厂的车间、旅游景点、娱乐休闲、房产车展、商场、企业、医院、学校，都可以使用VR做全景的虚拟体验内容。这不但可以提升用户的体验，也是一个很好的自身宣传点。

5G技术能够提供更快的信息传递速度，这对于VR来说非常重要。但是只有速度还并不能完全解决延迟的问题，而延迟也是制约VR发展的另一个重要因素。5G网络除了信息传输速度快之外，还在整体的设计上和4G网络有很大的不同，它的基站布局以及处理机制都是全新的。这让VR设备在使用的时候能不被延迟干扰，也带给用户更好的体验。

5G信号的传输所使用的频率比较高，在传播的过程中，信号的衰减也比较大。所以5G的基站数量要比4G的基站数量更多，才能达到更大的覆盖面积。基站的数量增加了，对于基础设施的建设来说是一件麻烦事，但这也让每一个基站的传输压力减小了。这样就能保证高质量、高速度的信息传输，对用户来说是很有利的，对VR技术的发展也是很有利的。

有了5G技术保驾护航，所有的虚拟技术都可以得到信息传输的保障。VR设备在各个领域都可以放心地发展，更多的应用场景会被开发出来。

在4G时代，受到网络的限制，对于演唱会以及体育赛事等大型场景的现场直播，只靠移动终端是无法实现的，用户在观看VR全景摄影机拍摄的视频时，也不会有最佳的感受。但是在5G时代，这个问题就能得到解决。VR视频可以迅速上传到网上，用户也可以在线观看VR直播，非常方便，而且体验感会特别好。

车载导航对于驾驶体验非常重要，而AR技术可以让车载导航变得更加先进。在5G技术的帮助下，车载导航系统可以向虚拟现实技术方面发展。那时候，车载导航地图将会把实时的路况信息投影出来，让驾驶员在驾驶汽车时，对周围的情况完美把控。这样一来，不但能够优化驾驶体验，也让汽车的行驶更加安全，对于路径的规划也会更好，能够帮助人们节省路上的时间。

在文娱方面，VR技术更是有巨大的发展潜力。这些年VR技术在文娱方面的发展本来就很快，很多VR游戏纷纷面世。在5G技术的帮助下，VR在文娱方面还会进一步发展，VR设备可能很快就会成为人人都买得起、人人都想要的文娱设备。

5G时代的到来，让VR技术的发展迎来了春天。VR的潜力一直都是巨大的，只不过它需要借5G技术的“东风”来给它铺平道路。现在5G技术终于来了，5G终于在商用方面蓬勃发展，世界进入到5G时代，VR技术的潜力可以真正被挖掘出来了。

随着5G网络的覆盖面积越来越大，VR技术也将会迎来飞跃。相信在不久的将来，VR将会把自己真正的能量呈现在世人眼前，让那些曾经怀疑过它的人看到它那深不见底的巨大潜力。

第三章

元宇宙中的VR商机：永恒的体验经济

有人说，最好的服务是提供给用户超乎想象的服务。VR带给大家的就是一种超乎想象且超值的体验。视觉上，它可以达到超写实的清晰度，它内容丰富，而且兼备人文关怀。

超乎想象的视觉体验

据动物学家测试，老虎的色彩分辨率要远远超过人类，因此呈现在我们和老虎眼前的世界是不同的。由此可以推断出，我们看到的诸多事物，不过是自身的感受，无法代表真实。

就人类自身来看，画家莫奈能画出色彩丰富的油画，跟他具备的天赋和观察的角度有很大关系。因此，我们想要获得更为丰富的体验，需要借助一些虚拟技术。此外，虚拟技术不仅能从真实性上给大家带来更好的体验，还能为大家打造理想中的画面。

许多人看过电影《罗拉快跑》。影片讲述罗拉为救男友曼尼可能出现的几种情节和结局。这些设想在现实生活中都有可能出现，所以许多人会认为它就是真实的。在生活中，有人曾有过梦魇的经历，那些困境也让人难辨真假。美国加州大学教授斯特拉顿做了一个虚拟测试。他戴上一款能倒看世界的眼镜，大脑会把它进行还原处理。后来摘下眼镜，大脑还在进行颠倒世界的处理。所以，虚拟只要是符合人们的正确感知，想要把我们带入虚拟世界并不难。

如今提起全景影片，大家都不会陌生。它是指视角上拥有上下、左右、前后6个方向的影片。表现样式通常有全景视频、全景图片、全景漫游等。

它可以通过多台相机共同拍摄完成，也可以应用全景相机独立拍摄，之后采用3D技术制作而成。其最大的优势是有全方位的视角，观众可以自由切换视角。它将推动电影业大跨步发展。

美国圣丹斯电影节推出虚拟电影《迷失》，讲述一群“手臂机器人”在丛林中寻找身体的故事，观众通过虚拟设备，仿佛置身于影片之中。

电影节上，还推出《星球大战》（见图3-1）、《轻罪》等影片的片段。其中《轻罪》采用了电影《罗生门》的手法，讲述一个入室盗窃的故事，视角分别为受害者、警察、受害人的兄弟。这种多线索推理的故事，用全景影片的方式来表达，能给用户特别清晰的观影体验。

图3-1 《星球大战》

可观看全景影片的平台能够带给人超乎想象的视觉体验，也将成为VR行业最新的盈利点。目前，《星球大战》《复仇者联盟》等影视作品都推出VR预告片。据悉，谷歌、三星等知名企业也将推出VR影片。

在动漫领域，VR热播推出的全景情景剧《占星公寓》，是国内VR企业对短剧的全新尝试。动画电影《小门神》的预告片也采用VR技术，观众仿佛行走在电影中的街道，通过转头、抬头等动作，能看到影片中不同的场景。

此外，观众也会用通过想象和联想对虚拟世界进行补充和推断，以此重构一个新的世界。以往绘画强调近实远虚，现在有人倡导看高低，不看远近。比如，鼻子在耳朵之前，如果你按照光影去绘画，可能会产生一些错误。再则，我们盯着图案一致的图片看，可能看到一个立体的图像。许多人就以这种方式来欣赏图片。也就是说，感知、想象、习惯等构成了虚拟技术可借用的内容。比如小说《变形记》，影视人完全可以根据它创造一个虚拟世界。

综上所述，未来影视、游戏等产品的展现形式将更加丰富。尤其在影视领域，有可能彻底颠覆，以往剧情决定观众的观影时间，以后观众可以根据自己选择的视角，来更改影片的长度。如此一来，观众成为影视作品的主宰。比如，我们看《三少爷的剑》，完全可以忽视主角，去探求配角燕十三的世界。尽管这样的情景还需要很多尝试，但它必然是电影行业革新的主要方向。

VR的核心价值——内容

关于虚拟现实的核心价值，在内容、硬件和平台三者之间一直存在着争议。就目前VR产业的发展情况来看，内容是主导，但是硬件和平台也需要不断完善，从而更好地展示内容。从供给侧的角度来看内容的重要性，在实际生活中，VR内容的产生通常超过VR硬件的出现。我们就以《三国演义》为例，诸葛亮设计的石头阵可以算作内容，硬件商需要打造相关的产品来展示此阵的威力。

上一小节，已经提及VR主要内容的一大领域——全景视频，现在我们再来看看它在游戏上的发展。

就目前来看，虚拟现实游戏可分为以下几大类：运动格斗类游戏、射击游戏、社交游戏、休闲闯关、场景体验、运动类、恐怖冒险类。一些游戏运营商认为，在全民娱乐的今天，游戏行业应该借用虚拟技术打造精彩内容。

全球移动游戏大会在北京召开，全球知名游戏运营商、开发商、平台商分别阐述了自己的经营理念。

大会围绕“创新不止，忠于玩家”这一主题展开，下设电竞大赛、VR体验区、开发者训练营等版块。全球移动联盟主要负责人宋炜指出：“未来

5年内，虚拟现实依旧会是热门。产品内容将会呈现复杂化的走向，因为此时VR的制作技术已经达到了一定高度，必将取代现在的休闲小游戏，成为用户新的追捧对象。”

我们来看看电子游戏的发展历程：国内可以从《超级玛丽》《魂斗罗》说起；后来有了《实况足球》，但是要用索尼的主机对战；再后来电脑普及，《传奇》《极品飞车》《魔兽世界》《英雄联盟》等游戏风靡；近年来，《水果忍者》《愤怒的小鸟》等成为移动客户端用户的最爱。于是许多VR制造商采用VR结合手机游戏的方式展开竞争。

任天堂曾出品过一款Cyberpuck手持控制器，可配合《雷神之锤》《毁灭战士》等游戏来使用。还有一些公司自己创作游戏内容，并结合虚拟设备使用。比如，HTC推出《工作模拟：2050》《精英：危险》《太空海盗训练》等游戏。IBM日本分公司根据日本动漫《刀剑神域》打造冒险、爱情游戏，相关设备能把玩家的身体数据数字化，然后可根据自身实力选择角色。

有人会问，打造VR内容的参考标准有哪些？相关专家认为，用户的消费习惯、文化层次、生活环境是必须考虑的。目前，我国用户的消费习惯大多还依靠VR产品的功能带动。这种方式是以硬件寻找内容，必然有滞后性。我们完全可以围绕内容制作更多的产品。比如，我们可以利用VR技术把《绿野仙踪》这部动画打造成一款有趣的游戏。

就目前来看，全球最有影响力的VR游戏，就是谷歌开发的*Ingress*，讲述一群科学家发现了神秘力量，人类如果不能控制住这股力量，将被对手启示军奴役。该游戏支持手机操作。该内容模式是否让大家想起了《英雄联盟》？如果我们以英雄、爱情、亲情等普世情怀为内容，就能打破文化层次、生活环境等因素对用户的限制。

总之，VR产业先打造出内容是首要。因为内容不仅能促使相关产品的研发，还能吸引对VR感兴趣的投资商。现在我们在依照应用场景塑造内容方面还有待提高。

虚拟现实的人性化设计

关于人体的感觉，可分为以下几类：视觉、听觉、痛觉、温觉、嗅觉、味觉、触觉。其中视觉、嗅觉、听觉、味觉、触觉是人类感知外界的主要方式。可事实证明，人类的所有感觉都是来自大脑，而非独立存在。

就像《惊弓之鸟》的故事，我们的大脑经常会被听到、看到、触碰到的东西所欺骗。因此，一些惊悚片只凭借环境的营造，就能让许多人感到恐慌。由此可见，我们利用虚拟现实就是要了解人性，从而设计出符合人类正常反应的产品。

听觉

尽管在信息的获取上，听觉仅次于视觉，但是它具备先声夺人的优势。因此许多虚拟设备都能打造出良好的音效。比如，我们看电影《惊声尖笑》时，先让你毛骨悚然的就是声音。谷歌在虚拟音效上进行了大胆的尝试，用户不仅能感觉出声音的强弱变化，还能辨别出声音发出的方向，这样我们在玩恐怖游戏时，一定会高呼刺激。三星打造的耳机Entrim 4D，能让用户感觉出运动时的力度变化。还有一些公司采用3D技术，制造完美的环绕音效，给用户身临其境的感觉。

视觉

据科学家研究，人们对外界信息的获取，80%来自视觉。因为瞳孔具有放大和收缩的能力，所以对动态事物有很强的捕捉能力。现在虚拟技术的敏感程度还很难达到人眼的敏感度，所以很难给用户最佳的体验。目前，VR进行视觉传达的方式主要有两种，一种是屏幕显示，另一种是投影技术。

屏幕显示是最为常见的应用方式，比如，手机屏幕、电视荧屏等。它们有延迟、颗粒感、色彩对比度差等缺点。而相关部门对虚拟设备设定的达标要求是延迟不超过20ms，分辨率高于2K。

据AMD公司检测，人类的视野可达1亿1600万像素，分辨率可达16K。由此来看，虚拟设备想要彻底还原到人的高度，还有很长一段路要走。

小派科技推出小派4K VR（见图3-2），分辨率可达4K，给用户提供了很好的显示效果。

图3-2　小派4K VR

有科学家认为，VR企业不必全力提升分辨率，因为人们眼球注重的区域很有限。比如，我们用手机自拍，画框会帮你锁定人的面部。如果虚拟现实也采用这种方式，会节省很多制造成本。

采用投影技术的VR设备有谷歌眼镜、Magic Leap等。谷歌是单眼头投影，凭借投影仪和棱镜，将图像投射到视网膜上；Magic Leap能够还原物体的光线，可完美再现物体的存在形态，给人以逼真的效果。

触觉

我们以射击游戏为例，以往只有视觉和听觉两种效果，而现在的虚拟设备可以提供触觉体验了。比如，你选择轻机枪，可以体验到相应的后坐力。可是游戏毕竟是游戏，很少有人愿意体验真正的冲击力或疼痛。因此控制力度，成为许多研发者的难题。

此外，玩家射击的时候，会有具体的情境，比如刮风下雨、站在摇摇欲坠的楼上，这些综合的触觉更是科学家不断追求的目标。美国莱斯大学研发出一款触觉手套，通过指尖的气囊为手部提供触觉。特拉斯工作室推出“全身触觉紧身衣”，配备16个电子模拟传感器，发射出的电脉冲可模拟水、风、火的触觉。

味觉、嗅觉

经科学家研究，人类所有感觉中，最为难忘的是味觉和嗅觉。你能想象出虚拟现实世界传出冰激凌的味道吗？FeelReal公司推出一款VR面具，可蒸发香料混合剂，并且能产生热和风，使用户的体验更真实。

从科技的发展水平来看，虚拟现实的人性化设计将越来越符合人们的需求，并且兼顾安全、舒适、环保等方面。

虚拟现实让梦想变为现实

人们小时候总会有各种各样的梦想，但是长大以后会发现现实对我们有很多限制，这些限制让我们无法将梦想变为现实。人越成熟，越懂得有些事情是很难做到的。但是虚拟现实技术的出现，让我们的很多梦想都可以变成现实，当然是在虚拟世界里变成现实。

虽然不是在现实世界里变成现实，只是在虚拟世界里变成现实，但由于虚拟现实技术给人带来的感官体验非常真实，所以它的意义依旧是很大的，也能给人们带来心理上的慰藉，使人们产生实现梦想的感觉。

可能有不少女性都有过当明星的梦想，或者有站在舞台中间“闪闪发光”的梦想。这样的梦想并非人人都能实现，大多数人都只是一个普通人，成不了耀眼的明星，但是VR技术可以让这个梦想变成现实。

澳大利亚某VR咨询公司根据一些用户的愿望，设计出了一款VR产品。使用这款VR产品，可以体验站在舞台上走秀的感觉。对于虚拟出来的化身，用户可以在很多方面进行设置，比如肤色、脸型、发型、衣服等。在这款VR产品的帮助下，人人都能体验在舞台上的那种耀眼的感觉，实现自己当明星的梦想。

当然，除了实现明星梦之外，这款VR产品的用处还有很多，比如减少服装设计和制作的成本。该公司的执行总监史蒂芬说："服装固定尺码并不是一成不变的，同一款式服装尺寸大小可能都会送到裁缝修改一番，但是通过虚拟模特来试穿，就不必为尺寸偏小而议论纷纷，在试穿过程中只需要判别是否宽松就可以。这样能大大减少预算，令我们受益匪浅。"

虚拟现实能够让梦想变为现实，且在很多领域都适用。虽然我们无法在现实中让梦想变成现实，但却可以通过VR设备，让人们的梦想在虚拟中得以实现。

很多人可能有过当英雄的梦想，但现实里大多数人都是默默无闻的普通人，根本不是电影里那种万众瞩目的英雄。通过VR设备，可以让人体验一把当英雄的感觉。实际上在很多游戏当中，人们都在体验当英雄的感觉。只不过一般的游戏没有那种身临其境的感觉，而有了VR技术，那种身临其境的感觉会很强烈，会让人有梦想变成现实的感觉。

有的人梦想自己能够环游世界，甚至是遨游太空。这样的梦想很难实现，即便是资金非常充裕，时间可能也不够用，又或者身体条件不允许进行这种长途旅行。有了VR设备的帮助，这样的梦想并不难实现。只要戴上VR头盔，就可以置身于虚拟出来的世界当中，人可以瞬间到达任何一个想去的地方。如果再加上各种穿戴设备，让人除了在视觉和听觉方面有真切感受之外，也在触觉、味觉等其他感官方面有逼真的感受，那就和在现实中旅行的感觉差不多了。所以VR技术可以帮人实现环游世界甚至是环游太空的梦想，整个过程安全、省时，感觉一定非常不错。

虚拟现实可以让很多不同类型的梦想变成现实，只要设备的技术能达到，几乎没有不能实现的梦想。如果穿戴设备方面的先进性能够进一步提升，人们的感受会变得更加真实，犹如真正处于真实的环境中一样。

虚拟现实带给人的感官体验是非同一般的，它将帮助很多人实现自己实现不了的梦想。让我们期待VR设备的进一步优化，让它带我们领略世界的缤纷，也让我们的梦想变为现实。

VR的交互类型

当下，VR的交互类型复杂多样。就以后的发展趋势来看，也不会出现一种通用的交互方式。究其原因，人们的使用习惯、身体条件等都有区别，只有不同的方式，才能兼顾大众。下面我们来看看几种交互的类型。

眼球

眼睛是人们获取信息的主要器官，虚拟现实的主要内容也要借助视觉传递给用户，所以许多业内人士称眼球追踪为“VR的心脏”。该技术能为眼睛提供最佳的视角、景深，可解决一些人出现的眩晕、不适应等问题。此外，这项技术仿真了人眼真实的关注点。比如，我们眼球中央对事物的关注度最高，眼球追踪就采用局部渲染技术使位于眼球中央的图像分辨率更高，外围则分辨率较低，不仅符合人的用眼习惯，还降低设备计算量。目前，采用眼球追踪技术的公司有Tobii、SMI、Starbreeze等。

头部

提起头部追踪，许多人会想起VR头盔。其实它们不是同一概念。头部追踪是VR设备最基础的功能，由陀螺仪、摄像头、激光定位器、重力感应器等组合而成，可以支持全方位的追踪。用户通过抬头、转头、移动等动作来进行操作。

整体动作捕捉

最为常见的就是全身智能紧身衣，原理是在运动的关键部位安置感应器，从而对全身的动作进行追踪，在影视拍摄中经常被应用。比如《魔戒》中的狼人、《阿凡达》中的纳威人等。具体操作办法：先用摄像机捕捉演员的动作，然后将动作运用到虚拟形象上。此外，诺亦腾公司推出可以用于动作捕捉的产品，可用于影视、游戏的制作，其主要组成部件为动态捕捉感应器、生物指标探测器、触觉控制器等。用户穿上它就可以到虚拟世界去体验。

手柄

说起手柄，大家一定倍感亲切，它也是虚拟现实应用最广的交互设备，包括体感手柄、传统手柄、体感方向盘、体感遥控、触摸板、摇杆控制器等。其最大的优势为键位识别精准，而且学习费用低；缺点是交互方式不够自然，无法给用户提供强烈的沉浸感。

表情识别

人们因为情绪的不同，会产生不同的表情。虚拟设备可通过识别表情来了解人类的情感，这种方式对摄像头的要求十分高，因为追踪用户面部肌肉运动是分析的主要部分。

脑电波控制

这种控制方式，可能会让大家想起《忍者神龟》中的克朗。目前，美国NeuroSky公司推出的意念力工具、我国视友科技打造的“脑波赛车”等脑波控制产品，还无法对大脑直接起作用。但随着科技的发展，脑波控制甚至有可能达到《黑客帝国》中的效果。

手势

虚拟现实进行手势追踪的方法通常是用摄像头捕捉手势，再通过传感器执行手势转化的命令。这种方法操作简单，应用场景多，但是精确度差，所受限制多，比如摄像头拍摄不到，无法跟踪；动作不规范，传感器不识别；用户过久运用手势会很累。如果应用数据手套，则可避免上述问题，但是会影响手臂的运动。

语音控制

语音控制，顾名思义，就是用语音来和机器交互。它比手势更简单，但是可能由于发音不标准、语言复杂等情况，让机器无法完全理解人的意思。但是执行一些简单的命令，如前进、后退等并不困难。

此外，还有很多新奇的交互设备，如虚拟单车、虚拟仓库、虚拟赛车等。随着市场不断细分，必然会有更多的交互方式产生。

将虚拟和现实融合起来

随着虚拟现实技术的发展，虚拟和现实或许可以融合起来。当虚拟出来的场景和现实非常相似，令人难以分辨，我们就可以在虚拟出来的事物上面找到真实的感觉，而虚拟出来的事物也可以为现实提供一些服务，比如导航系统等。这样虚拟和现实纵横交错，逐渐就会融合到一起。

虚拟现实能塑造出很多让人感觉非常真实的事物，能够带给人非常逼真的体验。在战争场面、灾难、风景、娱乐等方面，虚拟现实都能带给人真实的现场感受。在观看魔术表演时，我们只靠眼睛看，很难发现其中的破绽，但如果我们能够动用其他感官，或许就很容易发现其中的问题，比如用手去摸一摸。虚拟现实则不同，它能带给人真实的感觉。只要VR设备足够先进，你用眼睛看、用手摸、用身体碰触、用鼻子去嗅，可能都无法将虚拟的事物和现实的事物明显区别开。

当虚拟现实技术发展到了一定的层次之后，虚拟和现实会变得越来越难以分辨，而与此同时，虚拟和现实的交集会越来越多。或许在很多领域，虚拟将会替代现实。因为虚拟出来的内容可以消耗更少的时间、精力，却能得到和现实中相同的效果，或让人产生同样的体验。我们或许会在虚拟的环境中操控机器进行工作，或许会在虚拟的教室当中上课，或许会在虚拟的办公室上班，这些都有可能。

在虚拟和现实进行简单融合时，我们会在现实当中使用一些虚拟的技术，达到方便快捷、省时省力的效果。但是，如果虚拟现实的技术进一步发展，虚拟出来的环境和事物带给人的感觉和现实里的几乎没有区别时，会出现什么样的情况呢？虚拟和现实的边界或许会变得非常模糊。在著名电影《黑客帝国》中，就对这种真假难辨的虚拟世界进行了一些想象。

《黑客帝国》（见图3–3）是华纳兄弟公司发行的系列动作片，目前已经上映了三部。《黑客帝国》的男主人公尼奥是一个年轻的网络黑客，有一天，他发现现实世界其实并不是真实的世界，而是由一个计算机人工智能控制的虚拟世界，这个超级计算机名为“矩阵”。

图3–3 《黑客帝国》

发现身处虚拟世界当中之后，尼奥就开始对这件事进行调查。在调查的过程中，他遇到了人类反抗组织的成员崔妮蒂。原来一些人类早就发现了自己身处虚拟世界当中，并组成了一个组织，对计算机进行反抗。

在对抗的过程中，计算机派出25万电子乌贼，对人类最后的据点锡安基地发起了猛烈进攻。尼奥和自己的人类同伴开始和计算机进行对抗。经过一番对抗之后，最终人类和计算机因为共同的利益，选择了和平共处。

虚拟现实技术发展到最后会是一个怎样的场景，我们现在还无法想象。但是电影《黑客帝国》当中的情景可能永远也不会出现，因为虚拟现实技术是在人类的掌控下进行的，它不可能反过来凌驾于人类之上。不过《黑客帝国》却能给我们一些启示，让我们看到虚拟现实有可能和现实一样逼真，让人无法分辨真假。

虚拟现实还有很大的发展空间，它一定会继续发展，而且很有可能高速发展。虚拟和现实的融合会越来越广泛、越来越深入。虚拟现实会给我们的生活和工作都带来极大的便利，让整个世界都产生巨大的改变。

虚拟现实的弊端

近年来，虚拟现实高速发展，相关产品层出不穷。但是想找到一款被大众称赞的产品却十分困难。究其原因，主要在于价格高昂、影响健康、干扰生活。

价格高昂

尽管前文说过暴风魔镜，但它的优势是在性价比上。我们想要最佳的娱乐效果，就得置办顶级的设备。一个配置高的计算机，至少要几千元，再加上配件和游戏的费用，需要上万元。这个价格是许多人无法接受的。

此外，五花八门的感应器和控制器并不匹配，许多设备的交互方式、佩戴方法也不尽相同，玩家不仅要面对难以组合的问题，还可能有重复建设的浪费。就虚拟现实的发展趋势来看，其出现“大一统”的周期可能超过智能手机。如此，其想要市场化的进程必然受到阻碍，价位也会受到很大影响。

影响健康

许多VR产品都会给体验者造成眩晕的感觉，所以先解决用户健康的问题是VR发展的关键。据客户反馈，VR产品会损害人的视觉和听觉。比如，有的头显重1斤多，对鼻部和眼睛有很大压力，同时还会遮挡视线，使用者不小心碰到墙壁、打碎杯子、踢到东西的事情经常发生。

有人说，我用的设备好，而且小心谨慎，从未受伤。事实证明，设备越好，用户沉迷其中的时间越长，有人废寝忘食地玩游戏，最后伤害了身体。还有人并不知道头显的构造，它采用的是凸透镜，所以不能看光线很强的地方，否则会伤害眼睛。一些游戏做得很炫，但是长期玩容易造成视力下降。

干扰生活

我们总玩游戏，看书的时候，也难免发现书在闪，有时会幻听，在生活中说游戏术语，导致别人听不懂，更有甚者会把生活中的人物当成游戏人物，进攻或者躲避。

德国汉堡大学的格瑞德教授做过一个实验，让一位实验者在虚拟现实的环境中生活24小时。尽管每隔两个小时就让实验者休息一次，但实验结束后，被测试者看到现实中的物品，居然不敢确定它是否真实。

大家都知道思维惯性，我们对游戏沉浸的时间越长，越是容易产生意识迁移现象。心理学博士马克曾讲述过一个病例：一位经常玩游戏的女士，无法清除留在脑海里的游戏音乐。这样的事情经常发生。有一次，她把帽子塞进了垃圾桶。就是因为这个经常做的动作，在大脑里形成了惯性。

随着虚拟现实技术水平的提高，现实和虚拟的距离越来越小。我们如果不能控制好游戏迁移的情况，难免会在汽车驾驶、机器操作等方面发生失误，从而导致严重的后果。

最后，必须奉劝一些家长，不要为了满足孩子的好奇心就让他们戴VR设备。因为儿童的视力还处于发育时期。为此，三星、HTC在VR产品说明书上标注：12周岁以下儿童不适合使用VR设备。此外，一些VR游戏含有恐怖、暴力等情节，会对孩子造成不良影响。

总之，想要解决虚拟现实的问题，首先我们要从光学、生理学上去提高硬件的功能。此外，要正确面对不同层次、不同需求的用户，打造符合他们的内容，如此才能使虚拟技术得到更好的发展。

第四章

新奇：

让人欲罢不能的新鲜感

人们对新鲜的事物总是会充满好奇心。虚拟现实能够带给人们很新奇的体验，其产生的新鲜感让人欲罢不能。用虚拟现实技术带给人们不一样的新鲜感受，必然会创造出非同寻常的价值。

“VR+电商”——新的购物方式

提起体验经济，许多人都不会陌生。比如，商家给顾客提供良好的购物环境；向顾客展示产品性能；让顾客亲自试用产品等。这也正是电商急需解决的短板，电商以产品丰富、购物快捷、价格低廉的特点，对线下购物造成了巨大的冲击，但是很难给用户提供极佳的购物体验。

以往的市场，电商和实体店分庭抗礼，现在已经有电商采用“VR+电商”的模式，目的就是要消除电商和实体店之间的壁垒。此外，我们再来看看电子商务的发展史。现在，阿里巴巴、亚马逊等电商巨头在技术才能面上，主要致力于物流层面，比如采用分拣机器人、无人配送机、仓库机器人等。这只能满足用户对快捷的要求，还无法满足用户全方位的体验。

我们再从电商和用户的交互方式来看，图片、文字、视频依旧是电商依赖的主要方式。它们有一个最大的弊端，就是有可能和真实的产品不相符。比如，有些服饰的颜色不如图片上的鲜艳，从而降低了用户的信任度。VR技术正是能给用户最真实的体验。

阿里巴巴宣布成立VR实验室，并对外宣称，以后将优先发展VR与电商的结合，侧重点为硬件孵化和内容培育。

很快该实验室研发的虚拟产品在淘宝购物节上向公众开放。之后的“双十一”又推出VR购物会场。在会场上有一个叫“Buy+”（见图4-1）的概念视频，该视频利用特效表现了未来人们购物的样子。

图4-1 阿里巴巴“Buy+”

未来的用户戴上头盔，进入阿里打造的VR世界。这个世界就好比巨大的商场，您寻找到喜欢的衣服，可以直接拿过来试穿，而且可以触摸它的材质。如果嫌麻烦，可以先看虚拟模特给自己的展示，然后再决定是否下单。

据产品设计师透露，当下“Buy+”最大的挑战就是，如何在虚拟环境中把10亿件产品快速复原。这样才能帮助更多的商家快速建模。

其技术组核心成员赵海平还对产品的发展做了跨越时空的构想。他说：“也许不久以后，你坐在家中就能参加巴黎时装周，也可以去威尼斯感受那里的温馨浪漫。”

我们去商场买衣服，经常看到这样的标签：贵重产品，非买勿动。这的确是让人头疼的问题。一件衣服好不好要试过才知道，可“非买勿动”这四个大字一下打消了你的兴趣。“Buy+”不仅在这方面有优势，在时间和空间上也有更宽广的自由度。比如，用户要举行一场音乐会，需要买乐器、服装等产品。他完全可以挑选诸多服装和乐器进行产品搭配。如果认为国内的产品不够时尚，可以去巴黎、纽约等地。

一些电商和实体店看到“Buy+”难免恐慌。可从时代的角度来看，VR很可能就是消费的新趋势。对于无法改变的事实，我们要做的就是，借用它，并做到卓越。比如，更丰富的场景、逼真的手感、无限的使用、更广泛的信息、个性。

尤其是个性，它将是VR产品的核心竞争力。因为这是用户个性化的时代。比如，耐克有私人定制平台NIKE ID，人们可以按照自己的需求，在上面设计鞋子。但是它有一个缺欠，就是设计后不能马上试穿。VR技术则可以避免这个问题，人们不仅可以马上试用，还可以在不同场景中测试它的性能，从而进行改进。

我们再从交互方式上来看，在实体店销售人员的态度冷漠，会影响顾客的购买欲望。为此CAELT推出的一款VR产品，能让用户和美女客服面对面交流，而且价位非常适合小企业和个人应用。

可见，VR电商的发展前景充满了无限的想象空间。我们可以结合“VR+旅游”“VR+餐饮”等方式进行营销。比如，我们销售意大利品牌产品，可以利用虚拟技术打造欧洲风情街。你能够在产品中找到一位精通多国语言的导游。此外，用户可以在虚拟环境中与产品的设计者直接对话，从而提高用户转化率。

相信在未来，VR将弥补今天电商的诸多缺欠。

华山论剑——电商巨头大比拼

高手过招拼先机、战略、内力、招式等，电商巨头的竞争也是如此。就国内来讲，对前沿科技的嗅觉，阿里堪称最灵敏。几年前马云就曾对外界宣称，阿里巴巴已经做好了在VR领域长远发展的构想。

马云说："对于VR技术我还不太了解，但是我觉得它和互联网的作用是一致的。就是以科技的力量使人们做事情更加简单。比如，帮助女人和小孩更放心、更快捷地买东西。"

为了取得战略上的优势，马云以谷歌对VR的布局为参照。目前来看，谷歌是不断拓展外延技术。马云认为阿里巴巴应该以应用场景来拓展市场边界。但是这不代表阿里巴巴不注重技术创新。据悉，阿里巴巴已经投入大量资金进行VR技术的创新。目标就是，在10年、20年后依旧能给人们带来帮助。

阿里巴巴采用的VR设备是HTC Vive，用户处于虚拟商城的不同房间内，可以视频聊天。商城中设置的机器人导购"小雨"，来自真人远程在线操作，大家在里面可以体验到实体店中的购物场景。此外，产品VR Pay可以让用户在虚拟商城里付款。方式如下：用户下单以后，VR界面会出现一个支付宝收银台，用户采用点头、凝视等方式可登录账户，然后通过密码完成交易。目前该技术的安全性已经达到移动端支付宝的水平，未来有可能加入更快捷的识别技术。

为了打造功能强大的硬件，阿里巴巴对一些VR企业进行孵化，并给予技术和资金上的支持。一旦VR产品成本低、效果好，就会被许多商场应用。此外，阿里巴巴选择成本较低的产品优先还原，等用户有了广泛的认可度，再选择中高端的产品进行研究。

阿里巴巴移动平台总监庄卓然对外宣称："阿里巴巴在VR领域的战略可概括为体验升级、硬件升级和媒介升级。同时整合VR产品的制造平台，让VR内容的产生门槛更低，惠及更多的客户。

很显然，阿里巴巴是把自己在互联网时代的理念，运用到了VR方面的布局上，并且在逐步实行。据悉，阿里巴巴已经与合作伙伴HTC联手，为中小企业提供制作和推广VR内容的环境，并力争快速打造出无线产品。

京东与阿里巴巴相比，进入VR领域的时间也不算晚。其很早就成立了认知感知实验室，但是虚拟技术跟银行卡识别、人脸识别、身份证识别等项目比，并未受到特别的关注。其实验室对外界分享的大多是不断提升的物流技术。比如，京东以后可能推出无人机、无人仓、无人车，以减少人工造成的差错。

据相关专家分析，京东在用户中有良好的口碑，所以当下它会以物流与阿里巴巴对抗。至于VR产品，京东有实力打造类似"Buy+"的产品，但是不太可能跟阿里巴巴比拼硬件，京东把着力点定为锁定用户群、选择合作伙伴。

京东已经联合英伟达、英特尔、暴风魔镜等30多家企业共同研发能为用户服务的VR产品。比如，推出虚拟购物平台"VR购物星系"，用户可用声音、手势来支付。

目前京东的主要合作伙伴是暴风魔镜，产品以头显为主。它之所以选择暴风魔镜，是因为大众对暴风魔镜有很高的认可度，更有利于硬件的普及。

针对需要VR技术的商家，京东希望打造一套具有统一标准的建模工具，并提供可以广泛应用的VR内容，从而降低中小企业参与的门槛。

国美在VR电商方面不如前两个大名鼎鼎，可这不代表它缺少竞争力。因为其经营的家装产品，最适合用VR去展示。此外，从用户需求的角度看，国美在VR领域的运营可以称为电商平台中最靠谱的一个。

在战略上，国美走线下体验店的道路。目前，在全国的线下门店有过百家VR智能体验区。线上不仅有依托线下门店建立的VR体验场、体验馆，还有有利于用户使用的家装VR系统。

国际电商亚马逊也很早就开始了VR技术。它对外宣称，自己将采用HTC Vive以及PlayStation VR等设备，给用户提供“超级的购物体验”，并应用于任天堂将要推出的新一代游戏机上。

在开放的今天，几大电商巨头虽然战略不同，但这正是他们可以联合的地方。比如，京东也有展示家装的VR设备，完全可以和国美共同开发；京东也可以跟阿里巴巴孵化的企业进行合作。相信在未来，诸多电商会共同打造电子商务生态链，从而促进VR产业更好地发展。

所见即所得——国美

近年，我国的VR产业发展迅速，并在汽车、影视、游戏中取得了一定成绩。但是有专家从痛点思维分析，认为国内的VR企业舍本逐末。所谓“本”，就是指吃、穿、住、用、行。这几点之中，最重要的就是住，因为其他几项，许多人都是经常更换的，但是安身立命的房子，大多数人都是一次装潢，保持多年，所以家装格外受重视。可国内偏偏在VR与家装的结合方面缺少成功的案例。

VR技术在家装上衡量的标准不同于影视，影视讲求新奇，超乎想象；家装要求，我所得到的结果跟我所见的VR展示一样。

国美在线CEO李俊涛对外宣称，下半年将推出“家庭消费生态链计划”。首先着手的就是家装领域。除了联合西门子、华帝、箭牌等家装品牌商推出一系列优惠政策，还推出VR家装体验计划，致力于对使用场景的探索（见图4-2）。

其实，早就有电商巨头涉足家装市场，但造势的目的强于解决用户的实际问题，所以家装依旧以线下营销为主要方式。许多人都听说过效果图，可往往实际情况和展示的效果差距过大。曾有一位设计师设计的旋转楼梯，因为效果图上有一毫米的误差，安装时匹配不上房间的高度，导致许多用户因为类似的情况去投诉。国美在线为了解决用户的痛点问题，联合国内知名VR产业酷乐家，打造虚拟场景式家装。用户可以用更加直观的体验，判断对错。

图4-2 国美家装的VR展示界面

用户把户型的基本数据提供给国美在线，技术人员会通过软件建模。用户可以在虚拟环境中提前感受自己想要的家装效果。如果对效果不满意，可以随意更换建材，自主调整造价。施工过程中，用户可以全程监督国美在线的操作，最后使设计的效果符合自己的预期。国美此举让用户不再担忧家装的质量和价位。同时满足了用户的参与感，因此用户可放心地签约。

有人精通装潢设计，难免会有这样的疑问，该过程会不会耗时很长？国美家装的VR系统具备快速、准确、体验好三大特点。在户型图方面，系统拥有上百万个装修经常用到的产品，也有上百万个模型，因此科技人员能马上提取匹配，不到一分钟即可出示全屋的设计方案。准确来自3D技术，用户不仅能看到预想的渲染效果，还能全方位看到房间的细节。要是戴上VR眼镜，就如同置身于真实的房屋中，可以在房间中任意穿越。此外，对房间仰视、俯瞰也可以自行选择。体验好是国美的终极目标，力争虚拟和现实一致，甚至优于现实。可以根据用户的出价来组合产品，并允许他们自由更换，设计过程全部免费。

传统家装的展示模式是图文结合，国美在线对此是全面的颠覆，并让用户拥有设计的主导权。系统中为用户设计了很多场景。比如，许多人购买房屋以前，会体验房屋的采光效果。

用户可在系统中观察，产品在不同天气情况下所产生的变化，从而进行最合理的调整。

实施方案完成后，设计师会咨询业主的意见。业主要是满意，可以先交定金，并挑选系统中自己喜欢的设计师。用户还可以在系统中晒出自己的户型图，帮助国美在线提升口碑。

李俊涛说："国美打造场景式电商平台，就是要提高用户的信任度。以后我们会围绕'家庭生态链'，打造更多的虚拟产品。家装作为一个切入点，已经满足了用户的个性化需求，下一步将扩张到电器。关于场景体验，会慢慢增加婚庆、学习、健身等特色频道，给大家提供最贴近生活的体验。"

此外，国美还注重线下资源和线上资源的结合，最终形成以家庭消费为核心，旅游、服饰、餐饮、电子商务为外延的一站式购物体系，从而为电商的发展指明一条可行的道路。

硅谷电商的新玩法

国内电商在VR领域积极奔走的时候，硅谷这个虚拟技术的兴起之地已经有电商采用AR技术展示新的玩法了，Apollo Box公司就是其中之一。

对于VR和AR之间的联系和区别，我们再来细说一下。AR是指增强现实技术，具体办法为：利用计算机等科学技巧，仿真事物后再叠加，然后将虚拟的事物应用到真实世界，给人以超现实的感官体验。当然，它也可以在真实的事物中进行叠加，就像有些超写实画家会在平整的地上画洞穴，那些洞穴看起来就像真的一样。相关人士经常把AR和VR技术一起使用，给人们提供一个似真似幻的虚拟世界。因为VR在虚拟现实上更具有代表性，所以许多人把AR当成它的子集。

Apollo Box打造的AR产品（见图4-3），页面和普通电商几乎一样，上面是产品图片、产品介绍、评价等基本信息。

打开上面的AR功能后，界面会跳转到手机摄像功能。用户将要查看的商品放在摄像头下，就可以通过移动、转动手机屏幕来查看细节。产品以3D的方式呈现。

一定会有人说，这并不稀奇。可是Apollo Box的AR技术还能展示产品的功能，必然超乎许多人的想象。比如，一款书籍造型的台灯，人们翻开它，它就会亮，并且随着张开的角度，变换颜色，增加亮度。Apollo Box可以很好地向人们呈现。

图4-3 Apollo Box的AR产品

据Apollo Box创始人周静怡介绍，当下，自己可以用AR展示的产品有80多个，主要以新奇电子产品、家居和服饰为主。获取产品模型的方式有两种，一种是供应商提供，另一种是自主研发。

Apollo Box建造一个AR模型，消耗的成本20美元左右，用时2~3个小时。这样的成本跟电商拍摄的优质照片相差无几。

周静怡说，当下许多VR经营者只考虑产品能否给用户带来新鲜感。这不利于电商经营。当下线上购物最大的缺欠就是，用户无法直接了解产品的属性和优劣，因此电商购物的退货率才会高于线下。AR电商想要融合线上线下的优势，就要打造比线下购物还优越的体验。

比如，家居产品，我们在商场里观看的确很美观，但是很可能跟家中的整体装潢不搭调，AR技术可以帮助顾客，把产品放在家中的任何一个位置来观赏搭配效果。用户对产品有了认可度，自然会提高转化率。

在社交功能方面，产品具有拍摄分享功能。比如，许多玩家采用Apollo

Box的产品玩游戏*Pokemon Go*，并在朋友圈分享自己拍摄的照片，相信其他能引起用户兴趣的产品，他们也会进行传播。除此，一些用户还会找到更好的应用场景，向好友推荐。

这样的AR照片比普通照片更有利于用户应用产品。比如，我们经常在微信朋友圈看到的商品照片，我们购买它的原因大多是产品的品牌好或者商家有优惠政策。但是AR电商分享的照片，为用户的使用找到了切合实际的场景，从而能减少用户在浪费方面的担心。

我们再来比较一下VR电商和AR电商的不同。以餐厅来类比，目前，我国的一些VR企业更注重于用餐环境，而AR更注重于食品质量。也就是说，AR更注重用户决定购买的决策环节，VR侧重于情感体验。众所周知，打造环境的费用通常大于产品，但是很少有顾客会为了环境流连忘返。简言之，VR对用户的进入帮助巨大，AR主要起留存的作用。

此外，Apollo Box采用AR技术，一个最主要的原因就是，VR设备在美国的普及率很低。据相关部门统计，全美拥有价格1000美元VR设备的用户不足100万，电商在有限的用户内，想要提高转化率十分困难，但是AR仅需要一个手机就能购物了。但是同时AR也有一个很大的弱点，就是产品很难理解现实的环境。

Apollo Box经营方式现在不同于阿里、京东，但从商业模式的借鉴上来来看，以后的电商都会走“VR+AR”的道路，并通过侧重，发挥出自身的优势。

英特尔的抓蝴蝶行动

说起英特尔，许多人马上会想起高科技，但是要说出它具体的成果，很多人一时间却想不出来。究其原因，它在推广时主要面对的是企业，所以广大消费者对其并不了解。英特尔曾对消费者做过一个调查，问题是："假如英特尔是一个男人，你们觉得他更像谁？"大多数消费者说："一个成功的中年男子，很严肃，缺少亲和力。"

在这个消费个性化的年代，缺少亲和力必然会影响企业的营销。为此英特尔也在做与时俱进的改变。英特尔中国区市场部总经理接受记者采访时，说："为了跟用户有良好的沟通，我们每年都在调整，就是想以他们最喜欢的方式来推送我们的信息。"其联合淘宝推出的"抓蝴蝶，赢超级本活动"——用户通过淘宝的手机客户端与英特尔互动，只要能捕捉到从手机中飞出代表超极本的"蝴蝶"，就能获得由淘宝提供的超级大奖。

活动中，主办方第一次把VR技术和实际产品的体验结合在一起；第一次把线下、线上的资源整合到移动端，方便用户的体验；第一次把产品体验和游戏互动结合在一起。英特尔之所以这样做，就是为了满足当下电子市场上主流人群的需求。笔记本、计算机的购买者大多是年轻人。他们喜欢VR这种时尚前沿的东西，愿意在移动互联网上获取关于产品的信息，因此给他们新鲜的体验，是营销成功的第一步。在这一前提下，把VR技术和互联网结合成了英特尔的首选。

用户在淘宝页面和英特尔的线下广告牌上都能找到活动的相关介绍。联想、华硕、惠普等超极本生产厂商也对活动进行了大力的支持。比如，它们的旗舰店里有关于英特尔此次活动的广告。

据悉，英特尔采用VR技术进行体验式营销的方法酝酿了两年。活动中，年轻消费者对VR技术的喜爱，让负责人张文翊坚定了走体验式营销的道路。目前，英特尔在我国多个城市设立“至尊地带”体验店，主要面对高端的游戏玩家。里面有先进的VR设备，调动了用户对相关产品的购买欲望。张文翊说：“现在人们更愿意用手机玩游戏，所以如何结合移动端、游戏来推广产品，将是英特尔体验式营销的又一个新方向。”

企业找到合适的推广方式，对销售来说十分重要，但是这只是一个开始。关键是怎么针对不断细化的市场，推送出独具特色的信息，并符合大多数用户的需求。比如，Olay推出的“AR超时空水舞”游戏，是为了宣传旗下的长效补水保湿产品。玩家进入游戏中的舞池，游戏主角Angelababy会敲打水鼓，用户要抓住飞起的水球给Angelababy补水。抓住的水球越多，获得的奖励越多。很显然，利用虚拟现实技术可以给用户带来更新奇、更生动的体验，从而获得更多的用户。

英特尔有很多产品，要是找到产品特征和VR技术的结合点创新营销模式，必然会受到更多人的喜爱。这样不仅有利于塑造品牌，还能让人们对产品的前景充满期待。

移动VR和桌面VR的应用

移动VR，顾名思义，就是依靠手机或VR屏幕进行计算渲染、交互传感的设备，代表产品有暴风魔镜、Gear VR、灵镜小白等。桌面VR是指由计算机和头显等组合成的输出设备。计算机主要负责渲染，头显主要负责交互传感，代表作品有完美幻境、蚁视头显、VRgate等。

二者相比，桌面VR在渲染能力上强于移动VR，而且交互方式多，能够拓展的功能丰富，购买者大多用来玩大型虚拟现实游戏；移动VR因为受手机内存的限制，渲染能力和功能都不如计算机，所以更适合玩小游戏和看视频。

在沉浸感上，桌面VR的分辨率可达2K，而且画面稳定。移动VR依靠手机屏幕，沉浸感不强。但是桌面VR不仅需要配备高性能的计算机、头显等，对使用场景的要求也很苛刻，不太适合个人应用。移动VR利用手机，操作方便，可使用时间影响体验效果。

关于二者的应用场景，有人预测桌面VR一是用于拥有强大购买力的主题公园、网吧；二是随着科技的进步，开发出小型化、移动化、无线化的产品，吸引大量移动端的用户。移动VR的发展方向也有两个：一是主机的性能不断提高，甚至可以融合AR的功能，最终成为VR用户的主流产品；二是选择一些对手机用户有帮助的应用场景，价格低，人数多，也能产生巨大的价值。

千里马英语辅导机构以游戏开发软件Unity为基础，研发了一款可以用于手机的VR软件，把英语教学的内容融入VR环境中，极大程度提高了人们学习英语的效率。

对于英语学习来说，沉浸式VR具有非常重要的作用。因此该产品不仅可以连接VR头显，还可以连接VR眼镜、手柄等。内容是把学习者放到一个很生活化的虚拟环境中，比如，软件中的主角从出生到长大，看过很多新鲜的事物，学习的英语单词从简单到复杂，最后要组合成句子与别人交流。不同年龄段的英语学习者可自行挑选学习的内容。此外，英语套用在许多个小故事里，大家也可以根据自己喜欢的故事进行学习。

就目前来看，教育上所采用的VR设备，大多是和计算机搭配使用的。这样学生就只能在一个固定的地点学习，并且遵守时间。许多人不得不选择此种学习方式，因为VR设备太贵了。

千里马借助的Unity具有价格低、开发效率高、交互能力强、效果逼真等优势，支持暴风魔镜、Cardboard眼镜的连接，配上操作手柄后，可以进行调节音量、色度方面的操作，给体验者无比亲切的感觉。目前，千里马主要采用的连接设备是暴风魔镜，可降低学生们购买时的经济压力。

我们先从人们的使用习惯来看桌面VR和移动VR的发展趋势。近年，全球单反相机的销量都在下降，因为越来越多人喜欢用手机进行拍照，一是因为手机携带便捷，二是因为许多手机的拍照功能十分强大。此外，它还有通话、听音乐等功能，所以相机、计算机对于许多人来说，使用率都低于手机。

再从人们对时间的利用上来看。许多人掌握信息的方式都是碎片化的，比如在等车、坐公交时看英语单词、玩微信朋友圈。可见，移动VR要比桌面VR更符合时代的大趋势。

案例也给当下的移动VR指明了发展道路，跟学习英语一样用户众多的场景有很多，比如十点读书、夜半慢读、不二大叔等微信公众号上都有很多读者，完全可以采用移动VR，给用户带来更好的视听体验。至于桌面VR的小型化、移动化，未来必然会实现。可是它想做到和平板电脑一样廉价，还有很长的一段路要去走。

不同用户对VR产品的选择不同，所以相关企业要根据自身的特点研发或采用相应的设备，但最主要是根据自身优势，寻找受众更多的应用场景。

助力现场直播

提到现场直播，大家马上就能想到新闻直播、体育赛事直播、春节晚会直播等，主要方式为视频、音频、图片、文字等。在网络高度发达的今天，互联网上出现了很多直播平台，如花椒、映客、战旗、龙珠、斗鱼等。我们身边出现了很多主播，他们可能是我们身边的朋友，可能是健身房教练，也可能是一名音乐爱好者。

直播的内容五花八门，才艺展示、户外运动、游戏竞技、演唱比赛等应有尽有，其中游戏直播非常受年轻男性观众的欢迎，像《英雄联盟》《和平精英》《王者荣耀》等直播内容都有很高的点击量。在游戏中，主播会跟观众互动，玩家给主播赠送虚拟礼物。主播收入的主要来源，就是观众购买礼物的消费。相信未来游戏方会想办法将虚拟现实和游戏的内容相结合，并创造出与众不同的直播方式。

现阶段，VR直播技术主要应用于演唱会、新闻报道、体育赛事等。通过虚拟现实技术，能让观众感受到现场的气氛。

深圳市恒泰裕工业园发生泥石流，造成几十人伤亡，无数网友急于了解现场的状况。财新传媒的VR团队随同新华社的记者，第一时间来到救援现场，并录制了全景视频，让大家及时而全面地了解现场的真实情况。这样的直播方式在传媒圈引起了广泛的关注。

近年来互联网对传统媒体冲击力巨大，再加上一些自媒体的兴起，导致一些媒体倒闭。这次财新传媒对VR技术的运用，让媒体圈看到了复苏的希望。因为人们对于体育赛事和演唱会的临场感要求更高。

据统计，某年全球体育市场收益为1500亿美元，其中媒体转播权就有360亿美元。一些企业因为采用了VR技术，还获得了一些赛事的独家播放权，创造出一个新的盈利点。在里约热内卢奥运会期间，奥林匹克广播服务公司就启用了VR技术进行转播。

国内的华人文化、摩登天空等公司也开始布局VR体育直播。华人文化对外宣称，将以VR直播的方式播放中超联赛、足协杯赛等重要足球赛事。合作方为Jaunt公司，该公司曾与迪士尼合作过。摩登天空公司致力于VR音乐现场直播。

有人会问，VR直播的优点究竟在哪儿？它融合立体、交互性、全景的特点于一身。3D和全景用来给大家提供亲临现场的感觉，交互是为了让用户参与到虚拟世界中，甚至可以代入自己的意识。

目前，有一些VR直播团队只是停留在全景视频阶段，却号称启动了VR直播。业内领头羊Next VR则很低调，相关负责人认为，当下的带宽还不适合播放立体视频，要是条件成熟，观众能够近距离跟画面中的人互动。

我们来看看VR直播所需要的设备和技术。全景相机、拼接合成服务器是必备硬件。技术人员要经过编码上传、点播机房分发两个环节，用户才能观看节目。这个过程又划分出更细小的环节，比如，编码推流、拼接渲染、数据传输、视频采集等，只要疏忽了一个环节，画面的效果就会大打折扣。

业内现在最为纠结的是硬件。因为市面上能用于VR直播的专用相机很少，因而价格高昂。比如，诺基亚OZO全景一体机价格40万人民币。运行过程中，由于在线人数的增加，画面延迟、声音失真、镜头定焦等问题时有发生。一些团队为了解决画面延迟这个大问题，只能在画质上做出一些牺牲。相信随着基础技术的提高，这些问题都会迎刃而解。

处理好技术问题后，VR直播还必须注重镜头语言，比如全景、中景、近景、特写，哪种拍摄方式更能让观众感觉身临其境，是导演和摄像必须认真思考的问题。此外，在互动环节，腾讯不仅有聊天、送花、发弹幕的环节，主播还会给观众表演小魔术。针对不同的节目内容，VR直播要采用不同的拍摄和互动方式，才能使直播的收视率不断攀升。

第五章

借力：他山之石可以攻玉

对于众多VR创业者来说，首要的问题就是缺少启动资金，但如果懂得借力，就可以用众筹来解决这个问题。懂得借力是很多新兴事物需要学会的方法，善于借力才能有力可使，才能发展壮大。

让众筹助力VR创业者

众筹在当下是指，筹款人在互联网上向网友募集项目资金的方式，涵盖的领域包括游戏、影视、摄影、公益、设计、娱乐等。众筹的两大支点为众筹平台和支持者，主要优势是受众人数多、宣传费用低、形式多样化。在VR行业，众筹也是许多厂商经常采用的融资模式。它跟传统的融资模式相比，可以不受企业规模的限制。比如，银行更愿意给国有企业贷款。现在个人也可以通过众筹进行生产、研发、创作、活动等事项。这更有利于大众参与，以提高创业项目的丰富性。

国内外支持众筹的网站很多，比如京东众筹、淘宝众筹、众投邦、Kickstarer、Dragon、Innovation等。Oculus公司的VR产品就是在Kickstarer上众筹，从而获得启动资金。现在Facebook以20亿美元收购Oculus，并帮助它稳居虚拟行业第一名的位子。我国的虚拟产品，如暴风魔镜、乐帆魔镜、乐相头显、大朋VR眼镜等，都通过众筹获取资金，并达到了很好的宣传效果。

分析以上产品能够众筹成功的原因，就在于创意展示。比如，英国的一对兄弟要研发无人驾驶航拍机，于是在众筹平台上展示了产品的模型、设计图、策划案等，两个月筹资60万英镑。也就是说，你所展示的内容不能只是创意或点子，而是要可视，要是能够操作更好。许多众筹平台会为项目设定一个目标金额和时限。如果发起者没在规定时间内完成目标金额，所筹资金要全部还给支持者，而成功者会回报支持者。回报的方式有几种：奖励、分成、债券、股权。奖励在微信上很常见，比如，有人为了获得商家的礼物积赞，然后商家以发红包的方式表示感谢。债券是指筹款项目成功后，支持者能在众筹平台上得到返还的本金和利息。分成是许多支持者喜欢的回报方式，不仅能获得本金和利息，还能有分成、返利等奖励。股权是让支持者成为项目的股东，可以参与项目的研发和决策。大多众筹者会把几种回报方式综合运用，以针对不同层次的支持者。

Oculus Rift（见图5-1）在众筹网站Kickstarter上众筹，成功以后按照支持者支持的金额给予不同的回报。支持人数最多的两档是10美元和300美元。人数分别为1009和5640。后者之所以人数多，就在于奖品有“毁灭战士3+限量版T恤+限量版招贴画+Oculus Rift原型机”开发套装，而前者只有“进程更新+谢意”。出资3000美元和5000美元的支持者各有7位，3000美元可获得10套Oculus Rift原型机开发套装及毁灭战士3和评测技术支持；5000美元在3000美元的奖品外，还有参观实验室大礼包。据统计，支持者有9522位，金额2437429美元。

图5-1　Oculus Rift

众筹为Oculus的成功奠定了基础，不同档次的回报方式又吸引了不同层次的支持者。此外，众筹平台还具有宣传和调研的价值。发起者可根据用户的反馈来改善产品。

但是众筹也是一把双刃剑。产品研发和众筹广告不相符、发货不及时、产品质量低下、功能不全等问题会严重影响众筹的后续工作，同时也会降低众筹平台的可信度。据统计，我国每年倒闭和转型的众筹平台有70余家。因此众筹者选择平台时一定要关注它的稳定性。

想要进军VR行业的创业者，要是面临资金压力，可以针对自己的项目进行众筹，有可能获得包括资金、技术、创意等帮助，从而实现理想。

VR创业者的吸金领域

小米科技创始人雷军曾说："遇到风口，就算一头猪也能飞得起来。"你的企业想要飞速发展，就要在自己的能力范围内寻找可以吸金的领域。

许多业内人士认为，人工智能和VR技术能够帮助许多创业者吸金。我们从当下人人创业的潮流来看，VR有更为广阔的应用市场。比如，人工智能的代表——机器人，目前大多应用在工业领域。

一款被网红Papi酱采用的VR硬件在互联网上小有名气，让许多VR创业者看到了自身产品和VR的切入点，而且对VR产业的发展有了很乐观的展望。可在这之前，全球VR产业的发展可以用急转直下来形容。起初生产VR硬件的企业有200多家，一年之后只剩下五六十家。究其原因，一些VR硬件企业采用"硬件+内容"的经营方式，让许多周边企业看到了发展的新风口，于是对一些口碑好的VR企业进行投资。

大量资本注入VR产业，直接影响了股票市场。据沪深两市观察，近几年VR企业的股价一直在上涨，大多数的涨幅为3~4倍。诸多跟VR无关的产业也宣布要进军VR产业，以借势提高自己的股价。

网民对VR的热情、众多领域的参与、业内人士的看好，使大批创业者进入VR领域。VR观察网的一位编辑对记者说，自己曾被上百个VR交流圈添加。每个群里都有VR公司的人员在更新VR资讯，内容包括行业领袖的意见、VR的融资技巧、一些公司的VR产品信息。每天都有人探讨VR行业的利弊。大多数人认为VR将是新一代计算机的平台。

在VR行业还没有形成一定规模的时候，诸多观望者每天花费大量的时间阅读VR资料，同时思考自己进入该领域的着力点在哪里。有些人认为犹豫会错失风口带来的良机，果断进入VR行业，并采用线上线下同时推广的方式，让很多用户对自己的企业有所了解。一些其他领域的品牌公司，为找不到优秀的VR人才而苦恼。

在硬件生产上，市面上山寨货横行，销售策略依旧是以前的低价、大批量，以求全面占领市场。不少消费者因为好奇，已经购买了一些VR产品。

其发展态势可能不尽人意，但也已表明关注VR行业的人群越来越广泛了，而且动力源也越来越多。在我国的北京、上海、深圳有很多关于VR的论坛或沙龙，各大媒体经常报道一些关于VR公司的展览会，已经获得投资的VR创业者会被邀请到一些活动中做演讲，分享自己的创业心得。一些创客结成团队，也希望通过VR产品获得投资机构的青睐。

风大，有人飞得高，有人摔得重。但趋势是每个人都无法避免的，谁也无法预料未来会发展成什么样子。可从大多人的愿景上看，这必然会是一个储量丰富的金矿，会帮许多创业者找到更多的盈利点。

大企业的VR布局

著名企业家马化腾谈起倒闭的大企业，用了“轰然倒地”这个词。这令人想起一部动画电影——《恐龙》。一场流星雨摧毁了小恐龙阿拉达居住的小岛，它不得已逃往温度不断上升的大陆，然后再跟其他迁徙的恐龙寻找新的栖息地。近年来，对我国的一些企业来说，“流星雨”就是移动互联网。不只是互联网行业向移动端转型，许多传统企业也借助移动互联网，寻找新的经济增长点。

在互联网时代，我们不仅要面对突然的变化，还要面对不断地变化。比如，腾讯及时推出微信，并不断更新版本，才更能适应用户的需求。VR作为大家认可的下一代计算机平台，诸多大企业为了不在竞争中出局当然不会忽略对它的布局。

目前，困扰大企业管理层的问题是VR这张牌到底怎么出，究竟什么时间出合适。因为很难看清趋势中的规律，所以大家只能赌时机，拼准备的条件。

想为VR找一块新大陆，对基础设施的要求十分巨大，通常只有大公司才能完成。布局的第一步——硬件——最为关键。它和内容之间的关系，用毛笔和字体来形容：甲骨文是刀刻而出，行刀缓慢，因此很难表现流畅的行书，但是毛笔可以。在展示的内容上，可以是散文、诗词、对联等。我们完全可以根据用户的需求，不断优化内容。

随着“新大陆”建成，一些有需求的网民会成为第一批“移民”。当他们有了很好的体验后，就会扩散你的信息。因此布局的成败，决定他们在未来的VR领域是否能占一席之地。

近年来，一些电商巨头根据自己的优势和以后发展的方向，做了一些布局。主要分为以下几大类：第一，致力于互联网的电商巨头，主要布局某一板块和技术的；第二，传统厂商，主要布局硬件；第三，依托互联网搭建平台的巨头，在软件和硬件上同时布局。

大家所熟知的苹果、Facebook，在硬件、软件、平台、内容、社交、合作上全面渗透。微软、三星、谷歌、雷蛇等公司在硬件、投资、内容上布局。我国的巨头动作虽慢于国外，但是发展迅猛。

腾讯在自己的平台上布局Tencent VR项目（见图5-2），并向增强现实公司Meta投资；百度在视频上采用VR技术；阿里巴巴在其视频网站上推出VR内容生态战略。华为、小米、魅族等厂商在VR上也有相应的布局。

图5-2 腾讯的VR平台

由于当下市场还处于探索阶段，许多大公司的VR布局还没有对外公开。也许会有一匹黑马，突然在新的计算机平台上具有举足轻重的作用。

我们畅想一下巨头们在“新大陆”上的杰作。比如，腾讯和Facebook打造的社交帝国；亚马逊和阿里巴巴搭建的购物之都；盛大和网易搭建的游戏梦幻岛。未来VR会向人们展示多个虚拟的国度，并有巨头们依靠计算机开发的超级物业。

在虚拟世界，许多人能看到久违的碧水蓝天，它比现实更符合人们的理想。实现这一目标还有很远的路要走，相信有巨头们的不断改善和迭代，VR技术一定会给人们带来意想不到的惊喜。

VR的产业链条

在巨头的带动下，其他企业也纷纷进入VR领域，但是他们的经济实力还不足以全面布局，于是采用把自身优势切入产业链条某一环节的方式。

冯坤原本是一家设计公司的策划，他发现VR技术很适合宣传，于是就联合两个精通视频制作的创客，决定成立一家公司，专门给各大商场制作VR视频。因为正遇到风口，需求的客户很多，团队很快就有了丰厚的回报。在我国类似的VR创业团队有很多。他们有的是自己的领域发展空间不大，所以在VR领域寻找新的突破口；有的是制作手机游戏的，看到VR的画面后感觉非常好，于是转型进入；有一些是接触过VR技术的大学生，认为这是创业的一个好项目；还有一些认为在VR上投资肯定赚钱，于是开设VR体验店。

但我们发现，可以拿到天使投资的团队，大多是在这一领域经营半年以上的，而骨干人员几乎都是业内的精英。他们知道什么样的创意才更符合VR产业链。

如何才能深知环节、深知整体是关键。我以手机的构成为例，它包括显示设备、系统平台、游戏开发、内容制作工具、输入设备、云服务等环节。我们必须对其有一个全面的了解，才能知道如何与它相匹配。VR大致由四个板块组成，即设备、平台、服务和内容。大多数的创业公司都会走细分路线，因为有些基本环节可以借助大公司的力量，比如谷歌、Unity Technologies公司推出的一些开源系统，能够帮助许多创业公司解决最基本的技术问题。

说起VR设备，许多人只想到VR头盔，其实所有跟VR有关的产品都应该包括在内，比如，手柄、芯片、电脑、体验馆等。关于此类硬件的核心技术大多掌握在手机厂商手中，许多大公司在VR布局上会采用相关手机厂商提供的方案。一些创业公司会把主要精力放在系统开发上，硬件找一些VR工厂代加工。

在内容方面，主要的版块是游戏和视频。现在这两方面在市场上有很大的需求。相信随着VR技术的切入，此后项目的样式会更加繁多，吸引的用户有可能大幅度增加。

服务平台类版块主要是指一些分发类平台，在整个VR产业链条中起到连接的作用。未来的VR产品必然在几大平台上展示。而融资、媒体等周边服务对VR产业链起到润滑作用，适合市场营销出身的团队来尝试。

当创业者真正进入VR创业大潮，所要面对的环节会更加细化。大家试想，手机的产业链已经够复杂了，VR与其结合，产业链必然会更加庞大。现在我们给手机贴膜基本价位是10元，以后VR贴膜也可能随着产品的普及，出现亲民价。

目前，大工厂和小作坊并行不悖、相互补充是VR行业的生存方式。以其他行业做参照，这种方式必然会延续很久。因为VR的产业链在运营和技术方面都有缺欠。此外，VR作为最前沿的科技，如何应对快速迭代的情况需要慎重考虑。细节决定成败，无论大企业还是小作坊都要对VR行业有清晰的意识。

借政策的东风

要想推动VR产业的整体发展，一定少不了一个影响力广泛的组织者，那就是政府。以我国为例，政府倡导人人创业，并打造许多创业空间，对有创意的团队进行扶持，从而促使创新产业的蓬勃发展。科技产业作为高度集中的产业更是需要政府的支持。尤其是一些规模庞大的科技公司，年产值可比上千家中小公司的收入总和，是国家重要的经济支柱。

深圳之所以能成为我国科技的前沿，其中重要的因素就是，政府调动财政和行政的力量，建筑场地、引进人才，才能孵化出许多有潜力的新兴企业。这些企业很有可能引领一个行业的发展。中关村就是很好的例子。20世纪80年代，中关村还很贫穷，从被政府指定为高新技术产业开发试验区，随后诞生了百度、联想、搜狐、新浪等家喻户晓的互联网巨头。据统计，近几年中关村的年收入超过4万亿元，目前依托中关村新兴的创业公司每天都有50余个。这次VR产业的兴起，必然会先在几个大城市之间展开竞争。

纵观所有新兴产业都在一定程度上得到过政府的帮助。尤其VR这种应用广泛的产业，一旦普及，必然会推动国家的发展。为此国家工信部发布《虚拟现实产业发展白皮书5.0》，指出：VR融合多媒体、互联网、传感器、人工智能等技术，为人们提供了崭新的人机交换方式，是信息产业主要的发展方向，以后将广泛运用到医疗、生产、教育、训练等领域。就目前来看，我国VR产业已经临近爆发期，政府要在政策方面加以引导，提高对产业培育的力度。

江西南昌这座看上去跟前沿科技关系不大的城市，其实一直很重视VR产业，市长在第十二届人大四次会议上表示：南昌将出资千亿元打造大规模的VR产业。

福州也对外宣布，将在福建打造VR产业基地。地方政府与福州的大多数互联网公司共商大计，并发布十条措施，来促进配套设施的完善和相关产业的发展。比如，对率先的100家企业免费提供场地、人才公寓、100M以上的宽带支持。

成都在第一届中国VRAR国际峰会上宣布，西部虚拟现实产业园即将落户成都。这对西部的VR创业者来说是非常好的消息。成都市政府希望通过国家的产业扶持政策，帮助当地的VR经营者打通教育、旅游、娱乐、制造之间的产业链条，以带动经济的整体发展。

其他一些地方政府也在扶持VR创业。一些业内人士认为，大多传统企业都在处理产能过剩的问题。借助高科技寻找新的盈利点，是帮助地方政府解决经济问题的重要举措。可见，政府和创业者是合作互惠的关系。VR企业借助政策的力量，还有利于宣传，比如，美国前总统奥巴马在德国汉诺威工业博览会上佩戴VR眼镜，这一举动促进了VR产品的传播。

此外，我们在“东风”面前，一定要本着快速、准确的原则发展。互联网企业的发展就是最好的例证。VR发展的速度比互联网更快，相关企业更应该乘风猛进。

第六章

运营模式：

虚拟现实的内外兼修

虚拟现实的硬件和内容要结合起来，才能发挥出自己的优势。如果硬件设备跟不上，再好的内容也无从展示；如果没有内容，硬件可能只是闲置的机器。虚拟现实要内外兼修，才更容易做运营。

不断成熟的硬件

关于VR硬件的样子，早在20世纪80年代的一些科幻小说中就有所描述。近年的一些电影中向人们展示了一些VR硬件能够实现的事情。比如，《太空旅行》中，虚拟机器人可以像空姐一样跟游客对话，但是需要很尖端的控制系统。目前，索尼、腾讯、微软等公司都在研发高性能的VR产品。在硬件方面可以提高的地方主要有四部分：虚拟现实生成设备、感知设备、跟踪设备、交互设备。

生成设备主要是指计算机。感知设备主要是指传感器，用于把虚拟设备接收的信号转化为人类可感知的信号，比如，视觉感知、听觉感知等。跟踪设备主要用于检测方向和位置。在所有设备中，交互设备的组成元素是最多的，比如，数据头盔、立体眼镜、三维鼠标、数据手套、动力反馈装置、语音识别系统等。下面我们就来看看这些硬件。

数字头盔

数字头盔是显示3D图形的主要设备，使用方式为头戴，通常辅以空间跟踪定位器使用，可观察VR的输出效果。观察者还可以在空间内做自由移动，比立体眼镜的沉浸感更为优越。

数据手套

数据手套可以模拟人类在具体场景中的抓取、旋转等动作，有无线和有线之分，性能的好坏主要来自软件编程的优劣。

就目前来看，它在健康医疗、智能机器人、手语识别上有很大的适用性，主要优势为操作简单、活动范围广、使用率高和数据准确率高等。

虚拟试衣镜

虚拟试衣镜是虚拟试衣间采用的主要设备，产自俄罗斯的一家科技公司。购物者在镜子前点击自己要试穿的衣服，镜子里就会显示出你穿新衣服的三维图像。消费者要是想换穿其他衣服，用手势切换就可以。

动作捕捉系统

动作捕捉系统是VR游戏不可缺少的设备，主要由无线Xbus系统、微型惯性运动传输传感器、高效传感器三部分组成，可以同时捕捉人体6个惯性动作，并在计算机中记录所产生的动能。

裸眼立体显示系统

该设备是根据人眼的立体视觉原理设计而成，通过对视差障碍的计算，对展示的影像做排列组合，最后为人们提供逼真的3D图像。采用它就没有必要再购买头显、3D眼镜来获取立体图像了。

力反馈器

目前的虚拟现实设备大多注重于在视觉和听觉上的反馈。这对于射击、竞技等游戏来说缺少真实的感觉。因此需要力反馈器给用户提供力感和触觉上的体验。

多通道环幕投影系统

多通道环幕投影系统（见图6-1）由投影机、高级仿真图形计算集群、投影幕等组合而成。因为集成了诸多硬件设备的优点，能比普通的投影设备更具立体感、沉浸感、真实感。

图6-1　多通道环幕投影系统

交互式触屏系统

触屏是当下人们进行人机交互最自然的一种方式。交互式触屏系统可以通过音乐、动画、图像、解说等形式，把信息更加直观而形象地介绍给人们。

此外，还有空间交互球、虚拟驾驶系统、三维扫描仪等系统，共同为用户打造身临其境的感觉。未来随着VR企业竞争力的加强，相关产品必然会更加完善。

产品的个性化

在这个消费者个性化的年代，VR产品如果没有特色，很难引起人们的购买热潮。于是一些企业很注重对产品特殊功能的开发。可是许多实例告诉我们，那些大众不经常使用的个性化设计，不仅浪费成本，还很难被大众选择。

北京大学信息科技学院的查红彬指出，当下所谓的个性化就是说，一款产品应该像智能手机、平板电脑一样。它真正独特的地方是，具有大家都认可的功能，尤其是年轻人和小孩。

我们来看看VR头显的不足之处，这正是它提高个性化所要弥补的。许多人戴上头显之后，不到10分钟就头晕眼花。有人认为可能是设备对眼部的压力过大造成的，其实主要原因是用户的显像效果和用户的视觉不匹配。

现在斯坦福大学已决定研发一款个性化头显，可以根据用户年龄和视觉情况来调节VR屏幕。大家都知道，青年人和老年人的视力有所差别，因此每个人想要获得最佳的体验，就一定要有符合自己生理条件的显示方式。我们要是能在符合大多数人需求的情况下，再为产品增加符合痛点的功能，个性化必然会更加突出。

乐视公司和蚁视联合推出乐视VR头盔CooL 1，支持近视眼和远视眼患者的应用，可调节度为800。画面延时不超过20ms，播放十分流畅。视频内容由手机上的“乐视界”来提供。用户可以体验到逼真的3D效果。

外壳由树脂材料制成，镜片是非球面的，可有效消除像差，所以佩戴舒适，没有晕眩感。在操作上，我们只要把乐视手机放在VR设备的前盖中就能使用。在内容方面主打原创，每周都会更新影视资源。

从个性化的角度上看，乐视头盔最大的优势就是兼顾近视和远视患者，而且在调节读书上有足够大的覆盖面。再者，现在患有近视的青年人数众多，乐视就抓住了VR用户的主流。

外壳的选材上，乐视也眼光独特。树脂材料是许多眼镜佩戴者的首选，具有轻和安全两大特点，也必然会符合大多用户的需求。

在内容方面，许多VR制造商认为种类多是一种个性的体现。这是一个双重错误的认识。比如，许多VR产品内有影视、旅游、游戏等种类，但只是杂合。在这个碎片化的时代，用户会按照自己的所好划分选择的范围，所以种类多反而容易被放弃。此外，有些创业者注重多，而不注重精，不能让人眼前一亮，也是事倍功半。乐视以原创为主打，这正符合人们对创意的追求，再加上及时的更新，必然会对用户产生长久的吸引力。

但是乐视头盔也有一个弊端，就是只支持乐视手机。其他VR从业者要是能扩大头盔对手机的兼容性，也能够实现个性化。

爱维视W100是一款便携式3D视频眼镜，不仅可以连接魅族、小米、三星等智能手机，还可以连接笔记本电脑和台式机。交互模式为语音。支持2D和3D电影的播放，看电影时像素的分辨率会直接调整为1024。

说起兼容性的优点，我以苹果充电器为例。一些人不选择苹果手机的原因，就是因为它不能用其他手机的充电器充电。爱维视此举必然会有更多的用户，提高转化率也容易。至于电影的播放形式能调整为1024，是因为人们对3D虽然好奇，但是以往的观影习惯不会马上改变。若是别人都变，不变也是一种个性。

要让VR产品具备个性化，可以采用的办法还有很多。比如，采用超薄材料制作，在游戏环节提供符合场景的遥控枪等。正是这些细节，决定了创业者的成败。

给你超现实的体验

虚拟现实的主要目的就是通过显示来让大家有一种沉浸感。增强现实在这方面有很强的优势。此外，我们从信息的传递上来看，因为AR是把虚拟叠加在真实世界之上，所以能传递更多的信息。可是该技术要处理场景内物体的跟踪、识别、定位和建模等问题，因此对电脑的CPU有很高的要求。

目前来看，Magiche和Hololens是两款受到用户认可的AR设备，二者在使用技术上有所不同。

Magic leap是美国的一家增强现实公司，先后获得过谷歌、KKR、阿里巴巴等机构的投资。它最大的特点是，借助光纤投影技术，将虚拟画面投射到眼球。其感知部分和Hololens的差距并不大，都是利用空间感知定位技术，差别在于显示部分。Hololens采用半透明玻璃，用DLP投影投放过透镜来显示，显示的物体虽然真实，但是二维的，沉浸感较差。Magic leap因为采用光纤投影技术，向视网膜直接投射虚拟图像，因此效果更加真实。

Hololens并不是为你打造一个完全不同的虚拟世界，而是创造一个只有佩戴者可以体验的场景。在这个场景中，现实和虚拟完美叠加，用户可以自由来去，完全不必担心撞到墙。该设备还会追踪你的视线和移动，随后生成合适的虚拟对象。用户可以通过手势和虚拟对象交谈。

亮风台推出的一款AR眼镜也受到了用户的欢迎。它采用双屏成像技术，可以显示全息立体图像。因为可以双眼同时使用，视角的宽度可达2米，这样我们在长途旅行时，看电影就不会受到距离的限制，而且有很好的观影效果。

在我国，AR技术最初应用于游戏，主要通过平板电脑和手机来显示。比如，《奇幻咔咔》《超次元》等游戏给用户带来了十分新奇的感受。

《奇幻咔咔》用3D技术在手机上呈现游戏中的小熊（见图6-2），小熊可以搞怪、舞蹈，十分有趣，让许多用户感受到了AR的有趣。

《超次元》是广州创幻科技开发的一款产品。采用AR技术在手机上呈现虚拟人物，可以与其他玩家进行互动，深受“90后”的欢迎。

《昨日的艾莉若》是一款密室逃脱游戏，玩家可利用手机看到类似于真实世界的咖啡馆。《桌面僵尸》采用AR技术呈现了《生化危机》中才有的场景，玩家可以控制空中支援的角色，帮助城中的特种兵击毙僵尸。

图6-2 《奇幻咔咔》中的小熊

可见，AR游戏和VR游戏的区别就在于，AR游戏要以现实世界为依托，

VR是在创造一个新世界。我国的艺术很讲究虚实相生，AR也是十分美妙的体验。目前，人们又在教育、会展、医疗、营销、设计、娱乐等领域为AR技术找到了应用场景。

教育教学

在幼儿教育上，AR技术可以为儿童提供可互动而且有趣的教育方式。以往的书本和视频都是以平面来展示，现在通过增强现实技术，那些二维图像会立体化，而且更加鲜活，比如，课本中的风景和人物。AR技术将是未来教育方式的一次革新。

玩具开发

市场上已经有很多种AR玩具，比如，芭比娃娃、变形金刚、车模等。增强现实技术能为玩具提供更多的互动方式和新玩法，扩展玩具带给用户的感官体验。

广告传媒

利用AR技术做广告宣传，可以用立体化、多样化的方式展示信息。受众者以往通过试听来了解产品，缺少互动性和趣味性，现在AR技术可解决这方面的难题。比如，一些房地产企业用AR技术展示沙盘，更容易获得买家的认同感。

目前AR技术依旧在高速发展，微软、谷歌、阿里巴巴、高通等企业都在积极研发相关产品。未来AR技术必将与现实有更多的结合点，对企业营销、宣传、提高用户黏度等提供巨大的助力。

你就是虚拟世界的主宰

许多人看过电影《饥饿游戏》，里面的情节令人印象深刻。被选定的游戏角色，一开始就被放置到一个事先设计好的世界里。那里的水桶、墙壁都是由指挥中心控制的，可以随时变动，身处其中的人难以分辨自己是生活在现实中还是虚拟里。其实它就是VR技术的一个缩影。在此类游戏中，人是游戏的一部分，他所处的世界是由游戏研发者精心设计的。

在虚拟世界，游戏规则会帮助玩家释放自我。比如，在许多游戏中自己可以是主人公，也可以选择自己喜欢的角色做主人公。但是不管如何设定主人公，你的思想是主宰，感官依旧来自真实世界给你留下的记忆。

我们只要按不同的按键，就可以成为《美国队长》中的冬天战士，在马路上驾驶摩托狂飙；也可以成为美国摔角游戏中的洛克，与奥斯丁一决高下。不同游戏能给玩家带来不同的身份转化。在真实世界中，你可能个性平和，在游戏中却刚毅、果断，是许多玩家羡慕的英雄。

正是因为如此，关于虚拟现实的电影和游戏对人们有着巨大的吸引力。尤其是游戏，它不像影视，要依靠观众反观自身来带动，而是能够让更多的人参与其中。下面我们就来看看VR游戏的主要类型。

冒险类游戏

这类游戏运营起来相对简单，而且对场地的要求也不高。比如，我们在许多商场都能看到鬼屋，进入后，工作人员会用道具、声效和假扮的魔鬼来吓唬游客，但设计的模式比较单一。相信随着冒险电影的增加和VR技术的提高，未来会有越来越多的VR冒险类游戏。我们在影片上看到的古墓、洞穴、鬼怪、太空站都能实现，只要戴上头显，就可以飞天、潜海，经历无数险境。

动作格斗类

多年前，许多男孩子玩《街霸》《拳皇》《CS》，现在玩《英雄联盟》。喜欢战斗是众多男孩子的天性。这类游戏对玩家有巨大的吸引力。我们进入《拳皇》的世界，就会想起那些连招所能产生的巨大威力，现在你就是能驾驭这些招式的高手。这类游戏必然会被VR化，并配合精心设计的空间来使用。

运动类游戏

提起运动类游戏，有人会想起《极品飞车》《暴力摩托》等游戏。这类游戏的场景设计相对简单。以前有一款过山车的VR游戏玩家坐在特制的座位上，戴上头盔，就能感受到和现实中一样的体验。

我们不仅可以用VR呈现竞技类游戏，也可以显示其他运动。比如，我国解放军研究了一套跳伞游戏系统，有利于空降兵的训练。

角色扮演类

传统的角色扮演类游戏有《狼人杀》《天黑请闭眼》等，深受一些年轻人的喜爱。但是以前人所扮演的角色和自己是分裂的。虚拟现实可以让玩家和角色高度融合，真正进入到情节之中。比如，《时间机器》这部游戏就实现了人和角色的统一。

要让VR游戏无限接近现实，还需要相关技术的不断打磨。衡量优劣的标准是交互自然性、声效、视觉质量。由于许多厂商在生产产品时没有统一标准，各种配件组合运用后，很难实现预期的效果。因此找一个靠谱的平台，再根据平台给出的标准来打造产品会更好。

随着VR各方面技术的改革将启发大家更多新奇的想象，最后帮助VR企业共同推进相关产品的迭代，给人们带来前所未有的体验。

不可忽视的商业模式

有人说，当下企业之间的竞争，就是商业模式之间的竞争。VR技术被业内人士视为市场的另一个风口，所以想致力于此的企业都不应该忽略商业模式。尤其是许多巨头已经收购了优秀的VR企业，并快速推出了自己的产品。其他企业实力不足，更要借用模式的力量。

目前来看，VR产业还处于发展初期，相关企业究竟该采用什么模式还难以说清。因此要先想好可能出现哪些盈利模式，这样才能找到自己的切入点。

以一些VR巨头的收入方式来看，可行的商业模式有以下几种：广告收入、硬件销售、游戏相关产品购买收入、电子平台服务收入、视频内容销售收入。

这部分收入通常是跟视频内容销售同时进行的。用户用VR设备观看视频时，可以登录跟视频制作有关的网站，内容提供者可在上面插入广告获取收入。现在苹果和好莱坞的一些电影制作公司对广告收入十分积极。

硬件销售

现在大家熟知的VR硬件有VR眼镜、VR头盔、操作杆、计算机、手机等，随着新产品的不断出现，还会需要更多的配件。许多VR产品的升级都离不开多家硬件厂商的推动。我们不仅可以通过销售硬件获利，还可以通过组装零件盈利。

Facebook推出的一款VR头盔，价位599美元，但是要造价1000美元的计算机来支持应用。微软的AR设备价格高达3000美元。经销商每卖出一件VR产品，相关的硬件厂商都有收益。

关于VR硬件的经营模式，有人认为会跟手机一样，早期靠价格高昂赚钱，后来随着硬件成本的降低，走薄利多销的路线。

游戏相关商品购买

一些游戏玩家说，技术再高，比不上敢掏腰包。一些游戏迫使游戏用户购买装备，游戏"发烧友"会自动买装备，所以游戏玩家的钱是很好赚的。VR厂商的收入方式包括用户对周边产品的购买。

所谓周边产品，就是能让游戏更具现场感的产品。比如，索尼公司推出的一系列游戏，需要PS4主机、头显、手柄等配套产品，才能有最佳的体验，但是这些设备造价超过800美元。不过索尼采用先分享游戏，再研发硬件的商业模式，有利于成本的把控。HTC推出的VR产品中有配套赠送的游戏，可以调动用户马上下单的欲望。

电子平台服务收入

多年前，京东的销售额打败国美，就显示了电子平台服务的吸金能力。但是许多用户的差评，让诸多电子服务平台不断改进。尤其在VR技术高速发展的今天，淘宝、京东等平台可以按照用户的意愿设定产品的样式和使用场景，以确保用户安全下单。

视频内容销售收入

采用VR看视频，因为图像和声音都是立体的，预计需要的带宽将是普通视频的5倍。现在经营比较好的是Pornhub等网站。在收款上他们采用免费和付费两种方式。电信通过增加带宽，来获取跟VR视频有关的收入。

以上几种商业模式会在VR市场发展的不同时期先后出现，最后融合运用。当下最重要的就是通过硬件收入。准则是：硬件既要符合标准，又要符合大多数用户的需求。比如，苹果手机从硬件到软件都很符合国际化的标准，而且正遇上用户对移动互联网的需求。至于VR设备会有什么前景呢？曾有人预测说，很快VR设备的普及率可达17%，收入将占领市场的40%。

这种预测很有可能实现。未来的家电业，VR设备很可能取代大屏幕电视。VR电商服务，必然会对实体店造成很大的影响。

现在，想进入VR领域的创业者，关键就是总结一些互联网公司的商业模式。以后，随着VR市场的扩大，相关平台的增多，一定会有新的创业公司异军突起，成为新时代的微软、苹果。

如何利用VR进行互动营销

互动营销是许多企业经常采用的销售方法。关键就是抓住自己和用户的共同利益，随后找到合适的沟通时间和方法，来提高用户对自己的黏性。

在VR领域，巧妙的互动营销，能够起到降低运营成本、提高用户体验、加大产品附加值的作用。下面我们就从用户的角度去看看如何利用VR进行互动。

逼真体验

消费者通过VR购物，最主要的原因就是体验逼真。世界上第一款VR全身触碰体验套装，由智能手套、智能衣、温度传感器、力觉传感器等部分组合而成。用户穿上后，可获得被子弹击中、烈日暴晒、被他人拥抱等感觉。

这些感觉主要是利用温和的电子脉冲刺激肌肉来完成，穿戴的舒适度很好。如此完美的虚拟产品，用户想拒绝都难。

多重感官

所谓多重感官，就好比烹饪，不仅讲求色、香、味，还要求口感好。VR产品对于用户来讲，最基础的体验是真实，高层次是美好。比如，大多数人在虚拟试衣镜中体验服饰，购买的重要原因是能感知材质，但是款式、颜色不符合用户要求，也很难销售成功。

更好的零售体验

虚拟技术进入零售领域，必将以与众不同的交互方式，革新以往人们的购物体验。从浏览方式上看，VR电商是把线下的体验搬到线上，甚至采用高科技手段，让用户了解展示产品难以显示的强大功能。

“碧浪洗衣粉”是人所皆知的衣物洗护品牌，可许多人对它的优点还只是局限在无磷、去污效果很好上。其厂家为了推广“污渍自溶”技术，采用了AR技术，并打造出一台“AR时尚洗衣机”。

用户启动“碧浪魔棒”以后，把魔棒放在衣服上有污渍的地方，就能看到“蓝色强效去污粒子”的去污过程。

我们在电视上经常看到一些洗化用品的广告，一些脏的衣物浸泡几分钟，轻轻搓洗就光洁如新。虽然让人感到惊喜，但是没有原理展示，难免让人觉得夸张。VR技术正可以弥补这方面的不足，所以更容易提高用户的信任度。

除了展示功能，我们还可以通过VR技术展示产品的独特性，提高用户的参与感等。比如，菲亚特集团推出新车Abarth的同时，制作了一款AR赛车游戏。游戏配合Abarth独特的引擎声和欢快的音乐声，在都市和山地中穿行，同时展示了该车与众不同的性能。华纳兄弟为电影《绿光战警》举行VR活动，影片中战警所穿的服装会通过VR技术变换到观众的身上，提高了人们观看影片的兴趣点。

互动营销有利于用户了解商家，商家也可以从中对用户有更深入的了解。采用VR技术能使商家的展示方式更真实、更丰富，同时能创造新的商机。

第七章

商业应用：

给你一个异想世界

在商业大潮下，虚拟现实必须有变现能力，才能不断推动自己发展。于是有商家针对人们美好的愿望，塑造了让人向往的“异想世界”，外太空、冰雪大世界、异域风情园等。

你也可以星际穿越

电影《异形》向人们展示了火星上的蛇，虽然恐怖，但是引起了许多人的好奇。人们向往到外太空去看看。现在的科技已经可以登陆月球或其他星球，人们可以体验太空行走的美妙，可是所需的旅行费用太高。此外，对旅客的身体要求也严重阻碍了星际旅行的进程。

如此一来，是不是说我们就没机会感受星际旅行的奇妙了？事实并非如此，现在我们在影视中看到的银河、飞碟等，在VR技术高度发展以后，不会只停留在影像阶段。我们可以进入虚拟技术打造的逼真世界里，而且只需很低的费用。

一家名叫“Space VR”的创业公司，在众筹网上推出太空旅行的项目，很快就筹集到大量资金。然后发起者把一台全景摄像机送进国际空间站拍摄，用户可通过VR设备观看传送回来的太空画面。但是Space VR公司认为这不过是试探之举，未来会把更多摄像机送入火星、小行星等。要是该公司跟电视台合作，以后我们很可能坐在家中就能体会太空之旅了。

当然，这样的体验还很难给大家身临其境的感觉。可是VR技术的进步，设计师完全可以用3D技术制作软件，比如，等大的空间站、运载火箭，甚至一系列星球，同时用最先进的传感设备让人们体验最接近星际旅行的真实感。在国外，有根据电影《星际迷航》打造的虚拟舰队，所有星舰都是

1：1比例，细节的真实度连按钮都没有疏忽。

Oculus推出的虚拟现实游戏EVE（见图7-1），题材是关于太空战斗的，在视觉和音效方面都十分逼真，能给大家带来太空战斗的真实感。同年，由微软推出的VR产品Hololens，受到了用户的一致欢迎。大家可以通过它观看到银河系的实时动态。

图7-1 虚拟现实游戏EVE

还记得儿时用天文望远镜看夜空的喜悦吗，相信许多人对星空充满了无尽的好奇和遐想。正是出于这种原因，大量资金涌入了虚拟科技。有专家预测，在资本的推动下，未来五年内星际漫步将不再是一个梦。

有人问，现在星际旅行的最大盈利点在哪里？从参与度上看，最好的方式是游戏。据统计，Cloud Imperium Games工作室采用众筹方式打造游戏《星际公民》，参与筹款的玩家超过134万，筹款金额超过1.1亿美元。就完成度来看，这款游戏还有一些不足之处，但是更能说明玩家对此类游戏的喜爱。

在这个娱乐业提倡IP化的年代，一些公司必然会找VR技术跟影视、游戏的结合点，并在产品中注入符合能带动用户感情的价值观。由此推断，不久必然会出现更多探索宇宙题材的虚拟现实游戏。我们可以开着飞船去发现更多星球，并在更为广阔的世界内开疆拓土。

视频让我们在彼此身旁

尽管互联网高速发展，微信也不断更新功能，可许多事情不通过聚会无法解决，无法在微信上具体描述见过的风景等问题，仍急需解决。

有些公司利用微信群汇报工作流程，可是我们无法看到每个人的脸色、情绪，因此在沟通上总不如现场来得好。腾讯公司副总裁、微信创始人张小龙在一次公开课上说："如今，同样的讲课内容，我要在许多地方演讲。以后我希望大家戴上VR眼镜，宅在家中就能达到和现场观看一样的效果。"

人一生很难离开社会交往而存在。我们先看看交往的目的，再来看VR在社交领域该如何应用。著名社会学家马斯洛认为，人和人交往最渴望得到的是关心和理解。这种感情通常来自一个人的教育、经历、生理情况、信仰等。因此每一次社交产品的迭代，主要目的是让大家更加了解彼此的需求，从而拉近人际交往的距离。

VR技术在社交领域因为不受荧幕限制，且有真实感，所以具有极大的优势。我们先来看看人类学家霍尔对人际距离在视觉上的分类。最为常见的是公众距离，在3.5~7.5米之间；私人距离相当于1.2~3.5米；亲密距离为0~0.5米。VR作为对现实的虚拟，也要注重这种距离感。

在生活中，许多人因为促膝长谈而增加了信任度。利用VR正是要破除社会距离和私人距离给社交造成的阻碍。我把网页和2D的东西比做刺猬的刺，因为它和人的融合方面有缺欠。当刺猬走进公众距离，大家只见到它的可爱。在私人距离大家看到它的刺，就与它保持一定的距离。此时采用VR技术来弥补，相关产品必然很好推广。

扎克伯格在学生时代就着迷计算机编程技术，并认为VR将是一种新型的交流平台，最大的价值是具备真实感、亲切感。比如，你可以跟好友分享无限的美好体验。比如，和好友一起抬头望星空，在虚拟世界互相拥抱等。

Facebook在F8开发者大会上展示了自己的VR产品。CTO斯科洛普夫头戴VR头盔、手持控制器进入VR世界。在这个三维世界中，斯科洛普夫以“化身”来进行交互活动。这个化身可以模仿他的动作、声音和手势。

其好友麦可也以“化身”的方式与他畅玩世界。二人穿过时空隧道，来到由全景图像构成的伦敦景点中，边聊边逛。其中的亮点是，麦可在空中划了一条带有字母的领带，系在好友的脖子上。斯科洛普夫随手掏出一个虚拟的自拍杆拍下沿途风光，塞到自己在Facebook的邮箱里。不久后，个人主页就展示了这次虚拟之旅的照片。

尽管整个虚拟世界展示得还不够逼真，比如，设置的路人处于静止状态，化身的四肢还不算灵活，但是它对未来的VR社交是一种启示。人们盼望的跨越时空、共同分享终将到来。以后人们在互联网上的显现方式不再是ID，而是化身。大家再也不用以“千里共婵娟”的诗句来寄托思念了。

据悉，索尼、PlayStation VR都在销售跟VR社交有关的产品。其他一些巨头也看到了这一领域的商机。一些创业者也通过展会展示自己在这方面的创意。Facebook顾问杰里米认为，以后把VR和网络社交相结合，将成为人们广泛认可的社交方式。

运动品牌的VR推广

歌手孙燕姿有首歌叫《绿光》，歌中说极地之旅是一种奇妙的经历。一定有人渴望去那里看美景和可爱的动物，但是必须有很好的身体素质，才能抵御那里恶劣的天气情况。如果有VR厂商模拟极地环境，必然会有许多人前去体验。

户外运动品牌“北面”联合VR厂商Jaunt，为顾客打造极地的场景。体验的场所就设置在一个商场内。顾客在体验之前要先穿上北面公司提供的羽绒服。他们进入布置好的雪地场景以后，工作人员会安排他们坐在雪橇上，然后戴上Oculus VR眼镜体验在雪地上前行的快感。

当顾客摘下眼镜，这虚拟的世界还在继续。一群雪橇犬在工作人员的指引下冲破泡沫墙，载着顾客在商场里观赏。“北面”在一些地点悬挂了秋冬新品，顾客只要能抓住那些衣服，就能免费拥有它。

这样与众不同的营销活动不仅给消费者带来了惊喜，还吸引了许多路人的围观，扩大了宣传的广度。

我们拿传统的营销方式和VR营销做对比。以往一些运动厂商会在夏季展示冬装，吸引用户的办法大多是特价。冬季在商场内推出新款。这存在一个巨大的弊端，就是商场内和市外的环境不一样，一些用户挑选时会有适用性上的顾虑。“北面”利用VR让顾客深信，自己的产品是经得起严寒考验的，因而能提高用户的购买欲望。

其他一些运动品牌也采用VR做推广，而且比“北面”更注重细节。比如，耐克和阿迪达斯，我们一起来看看他们的展示方式。

耐克签约的球星很多，比如，科比、C罗、内马尔等。其推出新毒蜂足球鞋时，采用虚拟现实技术向广大球迷做推广。在VR视频中，我们可以从足球明星内马尔的视角来了解全场情况。他摆脱防守队员，快速进攻和射门的场景能让你感觉自己就置身于现场。此外，你还能看到一些足球赛场上经常出现的滑稽现象。

耐克把明星效应和虚拟技术相结合，在营销上可谓高明。同时，让用户有内马尔的视角，大家可感知球鞋在赛场上的良好作用。以往商家会在产品性能上做很多说明，但是都不如亲眼所见有说服力。

阿迪达斯为用户打造了一款虚拟互动实境墙，一些并不存在的产品在虚拟货架上逼真呈现，消费者可以预先订购。墙面很高，展示有三个专区，虚拟鞋会在人手的触动下旋转，并向顾客展示细节。

虚拟实境墙打破了商店在空间上对产品的限制，同时给用户带来了更大选择度，正符合当下私人订制的消费方式。

以上的VR体验也可以综合运用。比如，大家都听说过冬奥会，商家完全可以对它进行虚拟。试想大家可以像运动员一样在空中翻腾，必然是令人欣喜的体验。跟滑雪有关的产品通过实境墙来展示，可缩短试穿时所花费的时间。

这世界令人向往的事物很多，但是人的精力和时间是有限的，难免会留有遗憾，这些缺失正是VR可以弥补的。同时，商家再以利益做带动，很可能创造巨大的商业价值。

影视帮忙发现生活中的美好

真人版电影《美女与野兽》采用了3D技术，向人们展示了一个无比美丽的玫瑰庄园。据悉，该影片的拍摄地每天都会有大量的游客。可是类似的美景许多人都看不到。此外，大家都会有这种感觉，如果我们看到娇艳的玫瑰不能摘下一朵，对美的体验总是有缺憾。

为此，我国的许多地方有采摘园，但受到季节的限制。要是能用VR技术来提供美景，并给用户收获的快感，必然会形成巨大的感召力。下面我们来看看Ocean Spray公司为蔓越莓制作的VR短片。

蔓越莓原称作鹤莓（见图7-2），因为果实很像鹤的头部，可作为水果，且有药用价值。因生长于酸性土壤中，果实的表皮和果肉都是鲜红色，目前在北美大量种植，国人称其为美国红豆。它属于常绿灌木科，最高可达6米；叶片大多椭圆形，厚重；花朵粉红色，每枝上有六七朵。每到采摘季节，一片红色的海洋，过往游客都会驻足观赏。

Ocean Spray为其制作的短片叫《最美的丰收》。拍摄的时候采用了6台GoPro相机，还有空中无人机。用户可用Oculus Rift头显或谷歌眼镜观看短片。

有人会问，多么壮观的收割方式，需要采用这么多摄影设备？蔓越莓有干种、湿种两种。湿种的蔓越莓能漂浮在水上，用来加工蔓越莓酱。收获湿种蔓越莓之前，果农会把它们淹没在一片汪洋中，随后用水车把果实敲打下来，再收集好。

水车、红果、蓝天、波光，这样独特的田园风光，让短片广受欢迎。

图7-2　蔓越莓

类似这样的丰收景象，我国的一些VR企业也可以做。比如，云南有茶园，广西有麦田。几年前去过广西，那里的麦子种在梯田上，到了秋季就呈现一片金黄的景象。当地的旅游部门在田地上架设缆车，供游客观光。他们完全可以制作一个短片，把人们的情感从对风光的欣赏升华为对生活的热爱。

此外，许多美好事物都有诸多益处和内涵，我们可以据此开发出更多VR产品。据医学部门研究，蔓越莓可治疗胃溃疡、膀胱炎，预防老年痴呆、美容养颜等。我们可以通过VR技术向人们展示其预防细菌感染的过程。在饮食文化上，它可以与苹果、草莓等水果融合为混合果汁，能为人们提供大量维生素，但含有水杨酸，不能同阿司匹林一起食用。在美国，感恩节时会用蔓越莓做配料，也有人用它来搅拌鹿肉食用。

关于它的历史故事也十分适合用VR来展示。1677年，英国国王查理二世收到地方政府进贡的玉米、鳕鱼、蔓越莓，但是经过长时间的航行，没有腐烂的食物只有蔓越莓。它因此闻名欧美，现在是美国家庭必备的饮品。

如今，经济全球化，像蔓越莓这样的食物很可能有巨大的潜在市场。只是VR企业在推广时要注重地域、文化、饮食习惯等对用户造成的差异化，他们才会欣然接受你的产品。

时装与VR结合：迪奥的眼睛

在许多犹太商人的观念里，不会挣女人钱的成不了富翁。我们就近几年流行的微商来看，消费的主体就是女性。可究竟怎么才能挣到她们的钱呢？关键就是要创造一个符合众多女性需求的世界。小说《项链》代表了大多数女人的内心。她们爱美，并希望在一些场合展示自己来得到重视。

大家可以试想，如果有商家推出一款VR产品能让大家参加戛纳电影节，一定会有很多女孩跃跃欲试。现在有一些品牌商已经开始研发这方面的产品，并提供一些连亲临现场都无法看到的内容。

迪奥作为闻名世界的时装品牌，为自己推出的服装不仅制作VR短片，还推出VR头显，被称为“迪奥的眼睛”（见图7-3）。通过它大家可以看到难得一见的迪奥时装秀——只有特邀用户才可以到现场观看。

设备模拟了时装秀的现场。用户可以坐在前排的座位，到幕后看化妆师给模特化妆，挑选自己喜欢的时装秀表演等。

迪奥为了提高大家的真实感，联合法国DigitasLBi Labs和三星，前者制作外形，后者提供核心技术。用于显示的Galaxy Note4，可为佩戴者提供515ppi像素密度和100度广角的视觉体验。内置耳机在声画同步上配合良好。用户在使用该设备的时候，Logo还会亮起。

目前，在迪奥的一些精品店中提供该设备。许多顾客在欣赏完之后，购买了自己喜欢的服饰。

图7-3 迪奥的头显

很显然，迪奥的做法要优于虚拟试衣间。因为它不仅具有更好的展示方式，还有明星效应。从消费心理学的角度来看，人们购买产品首重卖相，同样一件衣服穿在模特身上能更好地彰显亮点，引起顾客的购买愿望。此外，许多人购买服饰是为了代表一种身份、一种品位。

与明星、名模同款是很好的诠释，可见迪奥的高明之处。

但与名模同款代替不了众多女性想成为焦点的遗憾，因此迪奥的产品还有很大的发展空间。比如，学习娱乐明星金·卡戴珊在游戏领域的发展路线。金·卡戴珊根据自己的成长经历与Glu Mobile公司合作，打造手游《金·卡戴珊：好莱坞》。女性玩家疯狂下载，目前已经获得1.5亿美元的收入。

在游戏中，金·卡戴珊要不断举办演唱会和约会去引起媒体的关注，从而通过影响力得到一些现金。有了现金你可以选择购买服装、房子和汽车。如果你穿着朴素，游戏中的主持人会对你冷嘲热讽；约会时，伙伴会打你的脸；没有“粉丝”拥护你。为此你只能花钱把自己塑造得光彩照人。此外，在晚会上，玩家也必须操作游戏中的卡戴珊推荐产品，这样品牌商才会给你报酬。

游戏角色最底层为“E档名人”，最高为“头文字A”。当你到达最高级，会更倾向于交重量级的朋友。他们能帮你快速获得“粉丝”。可是游戏会清空你累积的一切，向你阐述金钱只能换得名利，但是得不到友谊和幸福的价值观。

《金·卡戴珊：好莱坞》虚拟了名人的生活，并有价值观跟随，但是在人物形象的逼真性上还有很大的欠缺。此外，设置的角色并不多。这些都是迪奥可以完善的地方。同时还可以借助电影的力量，比如，《欲望都市》《歌舞青春》等，都能够帮助时装和VR完美结合。

如今许多企业都采取跨界联合的商业模式，VR可以帮助大家找到更好的结合点。随着相关产业的发展，也必然会给VR从业者带来更多启发。相信一定会有更多符合用户需求的VR世界出现。

开一家VR体验馆的必备条件

如果我们不采用“VR+”的发展模式，专门开一家虚拟体验馆也可以，毕竟有大量的VR爱好者，不仅能带来巨大的收益，还能提出许多有利于自身发展的创意。

关于必备条件，有人从高低端、发展阶段、发展趋势几个方面去衡量。高端的虚拟现实体验馆是指VR游乐场、虚拟现实主题公园、VR网吧等。这类体验馆对设备的要求十分高。国内的一些体验馆会从国外购买设备，以保证传感器给用户带来最真实的感觉。其中最具代表性的场馆为Zero Latency和The VOID——可容纳很多高端玩家的主题公园。在那里人们能够获得更丰富的虚拟现实体验，弥补客厅虚拟现实在内容和空间上的不足之处。

在我国，游戏爱好者最喜欢去的地方依旧是网吧，因此把VR技术引入网吧，不仅能有大量的用户，还有利于虚拟现实技术的推广。从VR的长远发展来看，很可能像计算机一样，经历从网吧到个人的普及道路。现在，VR设备高昂的价格阻碍了普通用户的购买。因此以体验馆为VR行业的先导，不仅有利于人们了解VR的相关知识，还有利于找到更细化的盈利点。

手机和计算机的普及对网吧造成了巨大的冲击，许多网吧转成网咖，甚至还有图书馆、游乐场的功能，并通过VR技术带给人们全新的体验。

VR企业HTC联合顺网科技正在发掘虚拟现实的市场。顺网科技为许多网吧供应软件，有着上亿用户，将帮助HTC在网吧部署HTV Vive。HTC在杭州推出虚拟现实游戏，玩家只要花几十元就可以到体验馆中体验游戏。二者的目标是，借助游戏和网吧的力量来打开虚拟现实的市场，同时增强网吧的竞争力。

目前，我国的虚拟现实技术还有很多缺欠，比如，头显设备给人很强的眩晕感、画面不够流畅、交互不自然、内容单一化、硬件成本高等。这一系列问题跟网吧的收费模式产生了严重的冲突。大多数网吧都是计时收费。可是上述问题导致用户无法体验太长时间，影响了投资的回流。再加上占地面积大、硬件成本高和内容不足也制约了网咖的发展速度。

设备低端的虚拟现实体验馆数量很少，规模也不大，在一些商场或游乐场中可以见到，有些作为免费项目供顾客体验。在设备的选择上，不同的体验馆有不同的需求，大型的网咖和VR主题公园会采用HTC Vive、Oculus等主流产品，商场通常会以虚拟驾驶舱结合VR眼镜给顾客提供影视体验。

虚拟现实体验馆通常按次数收费，一次15~20元不等，体验的主要内容为游戏、电影。最好的经营地点为学校、公园、电影院、商场、游乐园的周边。起初经营的店面不要太大，投资在10万~20万之间即可运营。

此外，一些影院会跟VR创业者合作。经得住用户考验的设备是不断壮大的基石。与此同时，有打造独特而且受用户欢迎的内容，并紧随VR产品迭代的脚步，这样才能经营好一家VR体验馆。

第八章

全面了解：

关于VR的一些知识

“工欲善其事，必先利其器”，想进军VR行业就要多了解一下它的知识。你需要懂得一些虚拟现实的基本技术，也需要学会挑选设备，这样你才能对VR有完整的认识。

虚拟现实的组成和特性

VR系统主要由三部分组成：系统软件层、计算渲染层、显示交互层。系统软件层就是指虚拟现实系统应用软件，主要用来建立模型、演示和渲染，还肩负制造立体声，分析所追踪的信号，产生反馈信息。计算渲染层主要用来完成计算渲染任务。计算机、主机、手机是经常被采用的设备。显示交互层主要用来接收和发送信号及跟踪人的行为，以保证人与虚拟世界交互自然。常见的设备有数据手套、全向跑步机、头戴显示器、力反馈系统、3D鼠标等。

虚拟现实的特性是指沉浸性、交互性、想象性。下面我们来看看专家对几种特性的定义。

沉浸性

顾名思义，是指虚拟环境可以完全包围用户，并能通过一些反馈让用户感觉更加真实。它的技术依据是人的生理和心理特点。先由计算机渲染层生成立体图形，再由交互层为大家提供多种交互体验，从而提高沉浸感。

沉浸效果是衡量虚拟现实优劣最重要的指标。但是它不仅依赖设备的性能，还要依赖人的感知力。艺术鉴赏上把感知力叫作直觉、知觉。直觉是指嗅觉、味觉、视觉、听觉。直觉是指对事物不假思索的判定。比如，中国戏曲中有程式化的动作，一些戏迷一眼就能看出是出征或射猎。人的感知能力可提高虚拟现实的代入感。

在人类的所有感觉中，视觉和听觉获取的信息量最大。因此许多VR从业者靠灯光、声效来提高用户的临场感。此外，虚拟世界的产品还应该注重在真实环境中的自然性。比如，餐桌上应该摆放刀叉和茶杯，而不是电脑，观众才会更认可虚拟的沉浸感。

交互性

交互性是指用户可以同虚拟世界中的对象自然互动，互动的及时性和准确性将严重影响沉浸效果。因此许多VR企业从体感手势、语音控制、鼠标、手柄着手，力争让交互变得更加自然有效。交互性是VR技术革新的重点。以后从业者不仅会提升单个产品的性能，还会研究多种设备的综合效果，最后给用户一个和真实世界一样的体验。

想象力

我把再现真实环境称为临摹，借助想象力打造客观不存在的真实环境，才正是能说明VR技术的高超之处。因为人在接受信息的过程中，因为生理、心理、阅历的作用，会产生一些新的构想。现在虚拟现实为人们的构想找到了更多的展示方法，并增加虚拟现实的内容。

GoT Exhibit为电视剧《权力的游戏》做宣传，采用了充满想象力的VR技术。活动举办的地点在伦敦的O2体育馆。观众戴上VR头盔后，就能体验走上电视剧中700米高墙的感觉。在此一场景中，用户还能听到高空的风声，极大增强了沉浸感。

以往人们说想象是空中楼阁，可在虚拟技术面前它不是。业内人士完全可以打造一个没有根基的飞来峰，瀑布也可以倒流。这就是想象力，将打造无数个奇异的世界。

可见，了解VR的组成和特性不仅能快速提高产品的性能，也能找到更多的应用场景。

虚拟现实的相关技术

想要从事VR行业，只了解VR领域的运营方式是远远不够的，还需要掌握一些技术层面的知识。尤其是要从事游戏开发的朋友，最好掌握设计和编程的基础应用。VR的相关知识按体系可分为四大类：硬件、基础科学、软件、服务。

硬件

包括头显、眼镜、投影仪、全景相机、交互感应器、3D耳机等。

软件

从类别上指操作系统、桌面系统、应用商场、游戏引擎。细分有语言程序、软件框架、功能软件、杀毒软件、网站渠道、行业平台、视频剪辑、内容采集等。

基础科学

包括交互感知技术、人工智能、人体工程学、传感技术、神经学、医学、光学、材料学等。下面我们就一起看看用户佩戴头显时出现眩晕的原理和解决办法。

许多人认为晕眩的原因主要是来自VR设备，其实主要产生于晕动症，通常在坐车、乘船时发作。我国是这种症状的高发国，据统计80%的人都有过不同程度的晕眩反应。因此许多人初次佩戴VR眼镜时也难免会眩晕。

从医学上看，晕动症产生的原因是视觉系统和听觉系统所感受到运动状态不一致，进而引起中枢神经反应的混乱，从而导致晕眩恶心。

虚拟现实引起眩晕的状态分为两种：一是头部运动和视觉产生的人图像不一致；另一种是身体的运动和视觉中的动态不匹配。

第一种生活中很常见。有些影视节目画面畸形、画质差、延迟长，都会引起眩晕。VR产品要是质量不佳也会给人一样的感受。究其原因，人眼和头部的运动状态很快，这样的画面无法与之相匹配，时间一长必然头晕。

第二种在赛车的游戏中很常见。就是我们以为自己的身体动了，实际上只是视觉造成的错觉。

这两种情况有不同的解决办法。第一种可通过扩大视野来减少畸形。就目前VR产品的水平来看，大多数设备都能做到。就算不能，也可以采用一些手段把畸变降到可接受的范围之内。

画面延迟是较难解决的问题。据相关部门研究，要想把虚拟产品的延迟降到20ms以内，显示器的画面刷新率应该超过90HZ。这不仅要配备更高精度的陀螺仪，还要计算机能快速渲染视线中的画面，并以符合人眼要求的速度输入到人眼中。英伟达对外宣布，他们的VR技术能让刷新率达到1700HZ。如果该技术能够普及，VR爱好者就不用担心延迟的问题了。

第二种问题解决的办法比第一种简单。比如，HTC Vive采用灯塔定位技术，让用户在房间内行动，这样就能够跟VR的运动频率相匹配。

除此之外，还有一些人是难以接受VR内容中过于刺激的画面。吃晕车药可适当缓解一些症状。

未来，随着科技和医学的发展，眩晕症在使用VR设备上会得到很好的解决。

服务

VR的相关服务包括VR专卖店、线下体验馆、资讯媒体、社会论坛、设备维修等。

了解相关知识，才能由内至外或由外至内地解决问题，并取得事半功倍的效果。

建模及相关软件

在虚拟世界的打造上，场景建模十分重要。这就好比一些影视作品中的选景，过于简陋必然会让用户感觉不真实。但是过于复杂的场景对计算机的性能有很高的要求，也会影响交互的自然性。这就要求在建模时掌握好一个平衡点。现在的建模方式可分为基于图像的建模、基于图形渲染的建模和图像与图形相互混合的建模。

如何评价建模质量的优劣，主要包括四个指标：易用性、精准性、操作效率值、实时显示性。易用性是指建模技术可以快捷地开发和构造好一个适合的模型。精准性是指所建的模型要跟实际的物体相吻合，这样才能更好地表现物体的真实性。操作效率值是指模型的运动、显示、冲突检测等都需要频率很高的操作，因此必须提高建模技术的使用效率。实时显示性是在让模型在虚拟环境中有更好的显示频率，主要办法是降低延迟。

目前，常用的建模技术有两种：一种是非均匀有理B样条曲线建模。这样的曲线是专门为3D建模而创造的，可在3D建模的内部来展示物体的外形。第二种是多边形建模。这是很传统的建模方法，任何物体都被看作由无数三角形按照一定关系组合而成。这种建模方式适合塑造有规则的物体，其细腻程度由构成模型的面数多少来决定，面数越多，模型越真实。

建模质量主要依赖于建模软件，准确而熟练地操作软件，能快速表现出真实的效果。对于业内人士，建议使用OGRE、OSG等开源平台。对于爱好者和有意进军VR领域的初学者，可以从Web3D、Unity3D、Quest3D等软件着手。如果想要从事VR内容的开发，则要掌握以下软件、工具、平台和引擎的功能和使用方法。

OGRE：是一种图形渲染的引擎。主要是帮助开发者开发基于3D硬件设备的游戏和应用程序。但是只能作用于图形，无法应用于声音。

OSG：利用OpenGL技术开发的应用程序接口。提供了很多附加功能来提高图形应用开发的速度，有利于程序员高效地创建交互式图形程序。

玛雅：非常著名的动画和三维建模软件。具有渲染力强、制作效率高、功能完善的特点，经常被影视制作方所采用。兼具Wavefront、Alias两大动画软件的数字技术。不仅能够打造立体的视觉效果，还能和毛发渲染、数字化布料模拟等技术结合运用。

Unity3D：一个可以让玩家轻松创建三维动画、三维视频游戏的整合性游戏引擎。自身没有真正的建模功能。开发者可以从资料库里下载或者在第三方3D软件里创建，比如，Maya、Blender等。

UE4：一款游戏引擎，具备强大的图形处理能力，有粒子和动态光照系统，支持的平台有安卓、PC、Xbox One等。

Vega：可用于声音仿真、虚拟环境、实时视景仿真的软件。在VR领域处于世界领先地位。使用它可快速打造诸多实时交互的环境。

Virtools：强大的虚拟现实制作软件，由法国Virtools公司打造（见图8-1）。它可以将3D虚拟实境编辑成软件，并能制作不同种类的3D产品。比如，建筑设计、多媒体、游戏、仿真产品等。

OpenGL Peformer：在对显示性要求极高的3D图形应用领域内，OpenGL Peformer能提供编程接口。可大幅度降低编程人员的工作难度，同时还能提高3D应用程序的功能。

图8-1　Virtools

Converse3D：我国最具代表性的VR软件产品，可用于工业仿真、室内设计、古迹复原、教育和娱乐等行业。

还有很多的建模工具和相关软件，不再一一列举。大家采用的时候，要根据场景和产品的特点来选择。此外，使用者还应该根据自身条件和应用范围来采购产品，有些功能相似的从中挑选一款就可，这样不仅能节省资金，还能减少学习使用产品的时间。

怎样挑选设备

究竟哪款VR设备好？借用一句话，适合自己的就是最好的。简言之，按需选择。如果我们只是对VR产品的功能性略感兴趣，买几十块钱的手机盒子就可以了。要是本着经济适用原则，可以购买2K头显。假如你追求高端，又是游戏的“发烧友”，可选择PlayStation VR、HTC Vive等。下面我们对常见的虚拟设备进行对比，给用户的选择提供一些参考。

有些设备可能无法调整近视或远视的度数，所以我们在购买之前，首先要了解自身的情况，一些视力问题必然会影响使用效果。要是视力在设备的可调节范围内，就无须选择可戴眼镜的头显。因为会影响行动的灵活性，一些人戴上设备后会出现呕吐、恶心、晕眩等现象，要是试戴良好的设备也不能减轻症状，购买时一定要慎重。

桌面VR对计算机或主机的配置要求很高，所以用户要全面考虑自己的经济承受能力。此外，像HTC Vive还要安装定位跟踪摄像头，要是没有足够的空间，最好不要购买。

关于VR设备的适用人群，HTC Vive的负责人在新闻发布会上说：“儿童、心脏病患者及有不良精神病史者不宜使用虚拟现实设备。”针对儿童打造的VR设备很少，长期使用会影响儿童的生理健康。对于心脏病者和有精神病史者，当下一些VR产品靠内容的惊恐、暴力、紧张等来提高视觉冲击力，因为这些画面和真实十分接近，会引起人们精神惊恐、血压升高、神经慌张等，长期使用将严重影响身心健康。

现阶段，代表全球最高水平的头显设备为PlayStation VR、HTC Vive、Oculus Rift。PlayStation VR现在要搭配PS4主机来使用，以后可能和计算机或手机搭配使用。在外形设计上，PlayStation VR简约时尚，HTC Vive精巧细致，Oculus Rift大气沉稳。五官清秀的人不太适合戴Oculus Rift，因为不仅机身沉，还会有漏光的缺点；其他两款舒适度相当，而且戴眼镜的用户也可以佩戴。三款设备都有一些颗粒感，Oculus Rift相对明显些，但都不影响观赏。在画面流畅性上，PlayStation VR最优。HTC Vive和Oculus Rift具有视角大的优势。

既然三者各有优势，许多人急于知道价格。目前，Oculus Rift市场价599美元、HTC Vive779美元、PlayStation VR399美元。表面上看PlayStation VR最便宜，但是你要有PS4才能使用。由此一来，最为廉价的是Oculus Rift。HTC Vive之所以贵，是因为可以跟定位传感器一同使用，用户想更全面地体验VR功能，可选择它。

我国选择手机盒子的用户比较多。比如，华为VR、大朋看看、灵镜小白、三星Gear VR等。Gear VR在画面上相对流畅，但是只适用于三星系列的手机。国内用户下载资源时还要连接国外站点，因此在国内市场狭小。灵境小白、暴风魔镜是国人比较认可的手机VR产品，现在价位均是199元，都适用于多款手机，支持近视患者裸眼佩戴，适合对VR技术要求不高的用户。

可见，衡量自身的生理和经济条件是选设备的首要。其次是产品的性价比和适用范围。用户只有在这些方面做好全面的衡量，才能挑选到让人满意的产品。

你是我的眼

在影视行业视觉冲击力十分重要。VR传递信息的主要方式也是视觉，必然要了解相关产品对人眼的影响。VR眼镜通常会配备两个小型的显示器，为用户呈现三维效果。此外，一些VR企业还会特制球面的镜片，以求全面覆盖用户的视野范围，这样他才会有身临其境的体验。一些先进的头显设备还配有焦距调节、瞳距调节的功能。

尽管如此，长时间使用VR产品就跟过度看电视一样伤害眼睛。最常见的就是眼干眼涩。这是由于人们使用VR设备观察图像时，会长时间聚焦在屏幕上，因为眨眼次数减少，影响了泪腺分泌，进而导致眼干眼涩。此外，随着画面亮度、色度的变化，眼部肌肉要不停地调节，也增加了眼部的负荷，影响了眼睛的灵活性。

除了以上情况，双眼看物体时角度的改变也会让人视觉疲劳。比如，我们看远近不同的物体，视角的大小也会随之改变，这种改变也要调动眼部的肌肉。但是用VR设备时这个角度始终不变，就会引起眼部的调焦冲突。时间一长，用户会出现视力模糊、头疼等症状。

七鑫易维CEO黄通兵曾分析视觉夹角变化对人眼部的影响，理论如下：我们看近处的东西通常会向内看，看远处的东西视轴会发散一些，VR

头显将其同样对待，在角度上必然会有冲突。此外，双眼从不同角度看同一物体或是光线有所变化，也会出现一些差异，因此需要做焦点和屈光方面的调节。目前的VR产品在视觉的纵深度上不符合人的生理，所以长久观看会有晕眩感。

简言之，VR产品违背人眼观察世界的方式。我们了解了原因，才能找到解决的办法。有VR企业采用光场显示技术，可给用户在真实世界中观看的感觉。比如，一些全景相机可以捕捉整个场景的光场，拍摄的视频、照片可以移动视角、改变焦点，从而减轻双眼的负重。

此外，采用投影技术也能减轻瞳孔的视觉疲劳。比如，谷歌眼镜采用单眼投影，将图像直接投射到视网膜上；Magic Leap采用光纤投影仪。因为投影技术直接作用于视网膜，画面还细腻逼真，可缓解人们长期注视屏幕产生的疲劳感。

但是，想要完美再现物体在空间和时间中的光线长度、波长和方向是十分困难的。当下，许多科研机构都在完善这一技术。现在可行的办法就是减少VR产品的使用时间。相信随着科技的进步，人们观看的时间一定会大幅度提升。

虚拟现实在光学方面的发展，也让一些医学专家看到了治疗近视、弱势、斗鸡眼等眼病的新方法。目前已经有公司设计能治疗眼疾的游戏，用户可戴上Oculus Rift头显来体验。

第九章

虚拟现实的
超强实际应用

虚拟现实的实际应用是虚拟现实带给人们最为直观的作用，它能够让人们感受到虚拟现实的强大和与众不同。将虚拟现实的实际应用做好，才能让人们对它有更多的了解，为它开拓更多的市场。

VR与影视的融合

多年前看电影《异形》，觉得来自火星的怪兽很强大。现在看电影《哥斯拉》（见图9-1），觉得异形弱爆了。有影迷称哥斯拉为城市破坏之王。影片中采用了很多VR技术。比如，哥斯拉用激光摧毁大楼，靠力量毁坏桥梁，喷出火焰烧毁住宅等。导演对外宣布，《哥斯拉》在续集中将会加大VR制作的力度。

图9-1 《哥斯拉》

由《哥斯拉》我们可以看出，采用VR塑造的影视画面要比以往的电影更具视觉冲击力，也更符合人们的审美需求。近几年，国内外涌现出许多VR电影，在VR技术的运用上都展示出了一些独创性。比如，《奇异博士》中，人可以通过意念翻转大楼；《爵迹》中的王爵可以利用法力减缓怪兽进攻的速度等。

为了推动VR电影的发展，Oculus设立电影工作室。国内也有不少涉足于VR电影的企业，比如，兰亭数字、追光动画、热波科技等。著名导演张艺谋对外宣称，自己以后很可能导演VR电影。

把虚拟现实作为电影的一种表现方式，可以改变以往电影讲故事的方式。虚拟现实具有多视角和沉浸感的优势，可以让人们融入电影情节之中，从而改变人们的观影习惯。就目前来看，采用VR制作电影还处于摸索阶段。因为VR头显给观众带来的不良反应，限制了电影在VR制作方面的投入。

短时间内大制作的VR电影很难成为主流。我们可以从剧情类、创意类、体验类等低于20分钟的微电影入手，然后再慢慢上升到VR大电影。下面我们来看看，如何将VR技术融合到电影之中。

VR影片按制作方式可分为拍摄和动画两种。想要制作一部精良的VR电影，既要懂得相关技术，还需要艺术才华。实景拍摄主要是采用全景相机或3D相机进行拍摄，给观众置身于电影中的体验，并能够全方位观察影片。动画制作可用来制作动画电影和真人电影中的虚拟场景，比如，《爵迹》中的海岛。

在动画制作方面，有人认为有美术功底就可以，其实真正优秀的动画片还要具备创新性、思想性、趣味性。它与真人电影相比具备三大优势：电影制作中不存在的场景和角色可以用电脑制作来表现。比如，神话中的海妖；用特效展现制作者丰富的想象力；一些表情和情绪可以用极度夸张的手法来表现，更有趣味性。但是动画制作对美术团队的要求很高，尤其是一些复杂场景的制作成本比较高，适合有实力的导演去尝试。比如，《封神》中可以飞行的作战工事。

有人把电影称为综合艺术中的综合艺术，是因为它不仅能吸取音乐、美术、雕塑、文学等单独艺术的元素，还能借鉴戏剧、戏曲的经验，同时还能借用科技去发展。电影从无声到有声，从胶片到虚拟现实，早已深入到人们的生活之中。所起到的作用不只是娱乐，还包括科普、启迪大众心灵等作用。实景拍摄VR影片有两种方式：一种是用全景摄像机拍摄全景电影，另一种是用3D摄像机拍摄三维电影。

现在实景拍摄还有以下问题需要解决：

1.讲述故事的难度加大。观众的观影方式是多视角的，难免会忽视一些剧情。要是忽略掉的情节十分重要，用户很难靠联想和想象去拼接整个故事。

2.故事创意是关键。虚拟现实电影以沉浸感为优势，可是什么样的故事才能使观众渴望去体验呢？在选找题材上有难度。此外，拍摄手法如果不能很好地展示创意，也会降低观众观影的兴趣。

3.演员表演的难度。虚拟现实电影对剪辑运用的很少，主要目的就是保证画面的连贯性，因此演员连续表演的时间增加，难度也相应加大。

4.摄录设备有缺欠。使用全景相机拍摄的影片立体感不佳，用多台3D摄像机拍摄在后期拼接时费时费力。

为了弥补一些技术上的缺欠，拍摄者可将弧面的角度缩小，这样在画质和3D效果上必然会有所提高，而且符合当下观众观影的习惯。

未来VR电影在拍摄手法、组接方式、故事内容上一定会越来越丰富，甚至完全颠覆以往的电影行业。我们可以试想，观众不仅能多视角观看电影，也可以根据自己的体验加长或缩短剧情。到时候，观众会因为对电影具有主动权而更加喜欢这门艺术。

用VR创造出奇幻的世界

人们对于奇幻的世界总是充满好奇和向往。正因如此，《西游记》《哈利·波特》《指环王》之类的影视作品才受到那么多人的喜爱。奇幻的世界当然是不切实际的、超出现实的，在现实的世界中根本不存在。但是有了VR技术，我们可以利用它将奇幻的世界创造出来，让人们感觉自己置身其中。

在影视作品当中，人可以在天上飞来飞去，可以使用神奇的魔法，可以置身于千奇百怪的环境当中。这些情景让人心驰神往，但却只能看看而已，无法亲身体验。如果用VR设备来创造出这样一个奇幻的世界，就可以让人非常真切地体验一下那种感受。

南昌VR之星主题乐园是世界上最大的VR主题乐园之一，从它开园的第一天开始，就迎来了很多游客。这个主题乐园的位置在南昌市九龙湖新区，它的室内乐园一共有四层，每一层都有不同的主题。第一层为“梦竞时代”，第二层为“梦回南昌”，第三层为“寻梦之旅”，第四层为“梦幻时空”。它的占地面积很大，第一期项目的总面积就已经达到了1.3万平方米。它拥有42款非常先进的VR设备，全都是从国外采购的，能够提供非常好的娱乐体验。它容纳游客的能力非常强大，全天可容纳游客的数量高达5000人。

在这个主题乐园当中，门票提供一天的游玩时间。在这段时间里，游客可以根据自己的喜好，任意选择四款免费体验和十款游戏。和一些一线城市的VR体验馆相比，南昌VR之星主题乐园的门票算是性价比相当高了。

戴上头盔，穿上特定的装备之后，游客就可以体验到置身于各种奇异的环境中的感觉。游客可以坐上时光列车，穿越到多年以前，去感受那时候的世界各地是怎样的风光；游客可以体验在丛林中蹦极，享受那种新鲜和刺激的感觉；游客还可以驾驶战斗机或者潜艇，这让军迷们可以充分满足自己的好奇心。

在VR设备创造出来的奇幻世界当中，人们能够尽情享受科技带来的乐趣，可以让自己置身于各种各样的奇异环境当中，还可以做各种各样新鲜、刺激的事情。在这个虚拟出来的世界当中，人们不用受到现实世界的束缚，可以随心所欲，不用担心会出现真正的危险。

虚拟现实具有非常好的安全性，能够让人放心地在虚拟的世界当中做各种在现实里不敢做的事情，这一点和在一般的游戏当中的情况是一样的。正是因为有足够的安全性，所以虚拟出来的奇幻世界不但有趣，而且非常好玩，同时也让人能够放心大胆地去发挥自己的想象力，用自己的方法去玩。

在这个奇幻的世界当中，用户是真正的主角。除了要穿戴好装备之外，用户不需要受到太多规则的限制。用户就像是处于一个没有太多规则的现实世界当中一样，可以尽情释放自己的能量，让自己在享受新鲜体验的同时也充分放松。

现代人的生活压力普遍比较大，有一个能够充分放松的机会十分难得。VR创造出奇幻的世界，给了人们充分放松身心的机会，所以它的意义重大，价值也很大。它一定会受到人们的青睐，在未来还有非常大的发展空间。

虚拟演唱会——Vrtify360°

在VR和影视娱乐的结合上，音乐被VR从业者长期忽视，这是十分错误的选择。就音乐的特质来讲，它是真正的世界语言。像杰克逊的歌，许多人听不懂歌词，但是能感受到那种激情。我们再从商业的角度看，美国“超级碗”之所以比奥运会收入都高，与国际巨星麦当娜、碧昂丝等的精彩献唱有很大关系。

Vrtify公司的管理层认为，自己应该率先改变这样的现状，举措是打造一个包括演唱会和音乐视频的平台，并通过VR让大家来体验。

Vrtify转向音乐领域，也像许多VR从业者一样，最初把重点放在VR游戏上，开发VR硬件和软件。直到VR普及的范围越来越广，才开始关注音乐。全球乐迷众多，但大多是在互联网上用软件听歌，因为演唱会的门票很贵。Diaz认为这正是音乐留给自己的商机。

Vrtify推出的音乐平台（见图9-2），能为听众营造一种如同电影院般的环境。音乐视频主要来自YouTube。录制的现场演唱会是180度或360度的。摄像和录音设备都是自己研发的，画面清晰，声音清楚。

为了录制好这些演唱会，相关工作人员会在演唱会现场放置多个麦克风。最多可获得60个来自不同声道的声音。这些麦克风也可以当作传感器，能把原声和输入的声音混合，还原用户在所处位置上听到的声音。

这是十分符合演唱会特点的体验，用户在演唱会现场游走，能体会到方位给音乐带来的微妙变化。Diaz还想把VR技术和动画音乐相结合，创造一种新型的音乐视频。

图9-2　Vrtify音乐平台

以上提到的技术还处于尝试中，但已经获得了很多投资。我们从音乐的产业链来分析，它在硬件和软件方面还有很多发展空间。我们可以采用“VR+名企+明星”的运营模式，也可以提高硬件的质量和功能。

Vrse公司CEO米尔克认为，虚拟现实将是娱乐最终的传播方式，将改变人们听音乐的习惯。它与苹果联合为U2乐队打造一部虚拟现实视频。U2的歌迷戴上头显和Beats耳机能感受到演唱会现场的氛围。苹果的保驾护航也让该视频有了更多的用户。

尽管头显能带来极佳的视觉效果，但是音乐的灵魂依旧是音效。Ossic VR公司以生产专用VR耳机为主，该耳机能够获得3D的效果。耳机内置头部追踪器、传感器，会根据用户的生理条件将音效自动调节到适合的高度，还可以根据人耳的构造来调整佩戴的位置。要是将其和头显设备相结合，能让用户获得最佳的视听效果。

现在涉足VR音乐的还有洛杉矶交响乐团、Y&Y乐队等。观众不仅可以足不出户欣赏音乐会，还可以坐在歌星和演奏家的身后。如果VR欣赏音乐的方式被普及，必然会促使音乐人不断提高演唱会的质量，从而带动整个音乐行业的发展。

5G技术让VR直播成为可能

在5G技术出现以前，VR直播很难做到。因为VR直播需要有很高的信息传输速度，否则由于它需要传递的数据太过庞大，会因信息传递速度太慢而卡顿，对视频的清晰度以及观看效果各方面也都会产生严重的影响。

5G网络的信息传输速度非常快，它支持上行180Mbps下行1.1Gbps的无线数据传输速度。这就能够保证在进行VR直播时的画面质量，也能够保证不出现任何卡顿的情况。所以在5G时代，VR直播终于可以正常进行了。

2019年8月10日至11日，央视“风云球王五人制足球争霸赛”安徽赛区总决赛在宿州市砀山县举行。作为全国性非职业五人制足球赛的顶尖赛事，有全省32支球队参加了比赛。在球员们进行激烈对抗的时候，安徽联通在5G网络的支持下，用VR技术对比赛进行了现场直播。球迷们即便不能亲临现场观看比赛，也可以在VR视频的帮助下，产生身临其境的观看效果。

在进行VR直播之前，安徽联通宿州分公司运维人员做了精心的安排。对于5G基站设备的布置、无人机和VR全景摄像头都进行妥善布置。直播之前先进行了测试，上行速率接近100兆，下行速率接近1000兆。这对于实时视频的数据回传速度有很大的帮助，能够满足实际直播时的需求。

在比赛现场，无人机和VR全景摄像头对视频内容进行了非常细致的采集，然后通过5G网络将这些视频信息传播出去。由于5G网络非常强大，不但有很高的带宽，还具有高稳定性和低延时性等特点，所以可以保证大量的信息数据在极短的时间内传输完成，以确保全景视频不卡顿也不掉帧。球迷无论是到现场观看比赛还是在场外观看，都可以享受到现场的气氛和感觉。

5G技术让VR直播有了非常好的发展基础。在5G网络的高速信息传递之下，VR直播得以流畅进行。相比以往传统的直播方式，VR直播能够带给观众更好的视听体验，让观众产生如临现场的感觉。

例子中的足球比赛VR直播，由于有5G网络的支持，又有工作人员的细心准备，所以表现出来的效果非常好。这使得那些无法到达现场的球迷也能体验到现场的激情，可以说是5G技术和VR技术共同带给了球迷一场视听盛宴。

随着5G网络覆盖面积不断增加，以及5G技术的不断成熟，相信5G网络的速度还会变得更快、更稳定。到那时，VR直播一定会成为主流的直播形式。人们可以足不出户就感受到和在现场一样的体验，场地将不再成为观看比赛、演唱会等内容的限制因素。

由于视听的体验提升了，观看直播节目的人数可能出现大幅增长。那些原本因为无法到达现场而失去了观看兴趣的观众，极有可能因为VR直播的极佳体验感而选择观看直播。所以VR直播可能给直播行业带来新的增长点，甚至可能使直播行业呈现爆炸式增长。

5G技术给VR直播带来的好处是全方位的，也许用不了多久，VR直播就会全面普及，让我们共同期待那一天的到来。

建立在5G网络基础上的AR车载导航

车载导航对于驾驶体验有很重要的影响。当我们驾车前往一个不熟悉的地方，如果没有好的导航系统，我们可能走错路，也可能晕头转向。如果在5G网络的基础上发展AR车载导航，就可以让车载导航系统变得更加先进，减少因为导航系统不佳而出现的各种问题。

5G时代到来，虚拟现实技术有了发展的基础。很多行业都在想办法将虚拟现实技术和自己的行业结合起来，汽车行业当然也不例外。实际上汽车行业本来就经常会使用一些先进的技术，使定位、导航、影像等方面的效果更好。

当导航系统做得很好了以后，无人驾驶技术就可以更好地发展了。在5G时代，随着AR车载导航系统逐渐强大起来，无人驾驶可能得到很大的发展。

2019年9月22日，国家智能网联汽车（武汉）测试示范区正式揭牌，武汉发出了首批无人驾驶汽车试运营牌照。从这一刻开始，智能网联汽车迈出了从测试到商业化运营的第一步。拿到自动驾驶商用牌照的企业有百度、深兰科技、海梁科技等。有了这些商用牌照，无人驾驶汽车不但能够在道路上进行测试，还可以开展商业化运营。

无人驾驶技术对于导航系统的要求是很高的，如果导航不好用或者不精确，无人驾驶汽车将很难保证正常运作。

人们开车时需要的导航系统，和无人驾驶的导航系统会有一些差别。无人驾驶的导航系统可能不必可视化，但人们开车时的导航系统一定是可视化的，而且越简单明了越好。在5G网络的基础上，AR车载导航系统有很大的发展空间。

AR车载导航系统与我们现在使用的汽车导航系统以及手机导航有很大的区别。现在我们使用的导航是显示在屏幕上，而AR车载导航则可以在车内打造出一个虚拟出来的现实场景。在这个场景下，驾驶员可以和人工智能互动，而且在互动的时候并不会影响对车外面的情况的观察。

在AR车载导航系统下，我们看到的车外的景象可能和单纯的现实环境不同。虚拟出来的景象会直接给现实当中的建筑路、道路、商店、路标等进行标注，让司机像是在一个完全数据化的场景当中驾驶。在这种情况下，迷路的情况应该很难出现，而司机还可以根据实时的路况对自己要走的路线进行更合理的规划，以节省出行的时间。

当AR车载导航普及以后，由于每一辆车都装上了这种导航系统，在出行方面会节省很多时间。这对于节能减排方面可能有非常积极的作用。而且当大数据和导航系统结合起来，对于道路的通行情况或许可以提前进行预估和安排，让每一个人的出行都变得更加顺畅。

有了5G网络和AR车载导航，出行将不会再受到“人生地不熟”的情况的限制。只要有车，就可以开到任何想去的地方，不用担心自己迷路，也不用担心因为地图上显示不出一些细节的部分而走错路。

第十章

虚拟现实
与各个行业的结合

虚拟现实拥有强大的属性，它可以和很多行业结合起来，给这些行业带来新的变化，让这些行业变得更加符合时代的潮流。各个行业都应该积极去和虚拟现实结合，把这当成自己发展的重要一步。

房地产：再见吧！售楼中心

人们常说安身立命，居住在如今的确是困扰很多人的痛点问题。避开经济上的问题，我们就谈对买房地点和户型的选择。在北京的一些商业街，我们能看到这样的广告——到东海养老，给你久违的碧水蓝天。可是没有几个人会飞到外地看房，成本太大。在房屋交易会上，一些地产商会通过沙盘展示户型，不仅耗时费力，还很难处理好细节。这些问题如果用VR来处理，就会节省大量的财力和物力。

VR技术与电脑相连，有意购房者无论身在何处都能看到房屋展示图。展览的房产商再也不用浪费很多木料了，客户戴上头盔就能看到房间的外景和内饰。房产商可以根据客户的反馈修改图纸。由此一来，不仅给客户亲临现场一样的体验，还能兼顾他们的需求。

在一次春季广交会上，大会主要负责人徐兵说："广交会是全球知名的大型展会，目前我们正在采用信息化的手段推动大会的发展。以后会大力发展VR技术和人工智能，紧随全球经济数字化的步伐。"

从徐兵的讲话中我们可以看出，未来VR技术一旦成熟，广交会可能成为一个虚拟现实会展。散布在全球各地的参展商再也没有必要飞到中国来。他们只要戴上VR头显，就能在虚拟会场中找到自己喜欢的产品。我们来看看VR可以改变广交会的地方。

广交会的展区占地面积118万平方米，展位6万多个，境内外参展企业2.4万余家。利用VR完全可以复制展区和展品，甚至还可以增加和减少。此外，相关负责人可以打造一个线上的广交会平台，允许用户随时访问。简言之，就是在虚拟的展会上采用天猫商城的经营方式。

现在让VR技术取代展会还处于理论阶段，但是在房地产销售领域，已经有很多地产商开始应用了。

有一年冬天，乌鲁木齐受西伯利亚冷空气影响，急速降温。正在等待开盘的绿地城只能停工，就连开盘所需要的样板间都无法搭建。为了解决这个难题，绿地西北事业部采用VR技术，在开盘前快速赶制出样板间（见图10-1）。因为采用了前沿技术，开盘当天吸引了大批顾客，最终的销售业绩也让企业很满意。

图10-1 VR样板间

绿地城要是没有VR展示的样板间，销售很可能受到极大的影响。我们再从打造样板间的时间上来看VR的优越性。绿地城西北事业部设计主管曾林说："如果没有VR技术，打造样板间至少要耗费几个月的时间。很可能被竞争对手打败。"这次成功让绿地管理层看到了VR在售楼方面巨大的作用。现在“VR+房地产”的售楼方式已经成为绿地售楼处的标配。

到目前为止，万科、华远、当代置业、碧桂园等知名房地产商都开始引入VR技术。尤其是VR样板间在业内十分流行。其主要有三大亮点：首先是可以观看任何一个时段的光照，并且体验每个房间的灯光效果。以往有经验的购房者会在不同的时间段来检验采光的效果，可这耗时太长。利用VR短时间内就能了解房屋全天的采光效果。其次是超乎想象的交互体验，在VR样板间你可以到处行走，同时还能通过控制棒检验那些智能家居，比如，给空调升温、开窗等，就算在线下也很难有这么全面的体验。最后是装修上的风格搭配，这是许多购房者最在乎的一个环节。可是线下的样板间很难让用户根据自己的意愿去搭配。VR样板间则完全可以，我们只要按一下切换按钮，就会出现很多风格的户型。如果没有让你满意的，你可以跟设计师沟通，他会用VR技术为你个性化定制。

VR样板间的出现对于许多消费者而言，解决了太多的看房问题。近年来，许多投资商会在多座城市购房，可是却很难一一去查看。VR技术能够让他们在网络上浏览多套房源，而且体验完全不同于以前的照片和文字介绍。如此一来，购房者一天可以看几十套房子，效率值是以前的十几倍。

VR除了对用户有巨大利益，对于房地产开发公司也好处很多。首先是新颖性。房地产行业从过去到现在，经营方式都是大同小异。引用VR的新颖性能成为一个巨大的噱头，所以绿地才会如此重视样板间。此外，将VR技术应用于样板间，还有以下三大好处。

省时

传统的样板间搭建成功至少需要3~6个月，VR样板间最多不过15天。这对靠资金回流来支撑运营的房地产开发商来说就是巨大的收入。案例中绿地如果没有及时做好样板间，销售和回款必然滞后，每天不仅会损失大量的利息，还会影响新一轮的投资。

降低成本

相关人士计算过传统样板间的花销，一平方米的价格为6000~10000元，而VR样板间的成本还不足600元。要是样板间的规模很大，采用VR将节省一大笔开销。

提高体验

许多人都去过开盘日的售楼中心，消费者可以用蜂拥而至来形容。尤其是夏天，闷热、嘈杂，让人头疼。有了VR样板间，用户躺在沙发里就能看楼盘，十分惬意。

未来，VR在房地产领域展示的不会只是售楼中心和样板间。诸多相关产品都可以采用VR技术。比如，有用户想要在房间内摆放能代表个人风格的装饰物，设计师可以根据用户的描述为他制作一个虚拟现实的样品。这不仅比设计图直观，也比用实物节省资源。

旅游：一个不堵车的世界

关于旅游的话题太多。比如，“年轻就应该流浪”“走吧！去寻找我们生命的湖”“曾梦想仗剑走天涯，看一看这世间的繁华”等等。尤其是现在，人们的物质水平快速提高，再加上交通的高速发展，许多人愿意为旅游消费。

还有一些人把旅游当成彰显个性的一种方式，他们会引用网络流行语“世界那么大，我想去看看”。在微信朋友圈我们能看到丽江古城、乌镇、名古屋、巴厘岛的照片，并附有一些美食的图片。近几年，我国的旅游人数激增，在全世界游客中不仅人次居于首位，消费也是第一。可依旧有很多人，由于种种原因，从未去过自己向往的地方。

以北京为例，它是许多国人喜欢的地方，但是有一个问题影响了人们前去的兴趣——堵车。尽管北京采用单双号限行的政策，依旧很难解决这个问题。明明可以看几个景点的时间，却只能看一两个。北京旅游部门修建世界公园，在里面我们能看到国内外知名的建筑。但是微缩景观受场地的限制，很难展示一些景观的恢宏，比如，长城。

有人说，现在互联网上可以了解世界各地的风俗人情及景观。可是照片中的世界是经过加工的，不能代表真实的情况。此外，人和人之间的关注点不一样，大多数人更喜欢用自己的眼睛看世界。要想解决这些矛盾，目前来看只有VR最适用。下面我们一起来看看VR在旅游上的应用之处。

辅助行程

几年前跟团去广西玩，被导游称为路况考察团。究其原因，就是对行程的相关信息只有粗略的了解。要是旅游机构采用VR做推广，我们就能很明确地了解道路状况、酒店环境和相关服务。这些要素能够决定游客是否购票。

过去，一定有游客遇到过这样的现象，导游把某个景区的峡谷说得风景迤逦，游客进入后发现才开发了不足一公里，严重影响了游客的信任度，从而降低了其他景点的购买力。要是我们用VR宣传，用户对景物一目了然，必然会提高营销的转化率。试想一下，我们去故宫，所有的景点都清晰地展示在你面前，这比所有的语言描述都更能决定你的去留。

赞那度是国际高端旅行预订网站，曾推出中国第一个旅行虚拟现实APP产品。涵盖的内容包括度假村、精品酒店、旅游景点等。目前已经有八达岭长城、故宫的VR产品，以后还会增加马尔代夫、新西兰、法国的知名景点。

赞那度对外宣称，推出VR产品的主要目的有两个：一是让资金或时间上有限的旅客了解世界各地的美景；二是帮助想要旅行的人提前了解目的地（见图10-2）。

图10-2 赞那度VR旅游

如今像赞那度一样开始布局VR的旅游企业有很多。比如，在线旅游服务商艺龙推出酒店体验的VR产品，住宿预订服务商空空旅行推出旅店体验的VR视频。我们试想，要是有一个可以融合吃、住、玩的VR旅游产品，必然会获得极高的点击量。

说走就走

当下说走就走并不难，可是能走多远，是否会遭遇一些意外情况都很难预料。几年前九寨沟因为游客太多道路严重拥堵，有的旅客走到景点门前，已经日近西山了。每年的“十一”黄金周，新闻都会报道，有几十万游客在八达岭长城上如蜗牛行走。这时如果有一款VR产品能让你置身于古时候的长城上，体验它的雄浑、肃穆，相信一定有人愿意宅在家中观赏这一伟大建筑。

意外情况比人为原因更让人难以接受。一位朋友去云南旅游遭遇鲁甸地震，旅行社出于对安全的考虑，取消玉龙雪山的行程。除了灾难，季节的变化也会对旅行造成很大的阻碍。比如，我们要到秋天才能看到层林尽染的景色。采用VR技术，我们可以随时随地看春花秋月，走到任何地方也不必考虑安全问题。要是在技术上处理得好，我们还能感受来自海岛上清新的风，体验束河那温暖的阳光，甚至在虚拟世界拍一张照片，上传到朋友圈。

实现梦想

所谓梦想，个人认为是无法实现的愿望和不敢期待的理想。我国有一位登山运动员，年轻时爬珠峰，因为冻伤失去双腿，中年时拄拐爬珠峰，又遭遇暴雪，只能遗憾离开。这样的愿望他恐怕今生都难以实现了。但是VR能帮助他圆梦，甚至征服更多的雪山。

如今影视作品中有太多令人向往的地方。比如，电影《从你的全世界路过》中，稻城的景象让许多文艺青年向往。VR可以展示一模一样的稻城，而且VR从业者还可以在里面放上一首像《成都》一样的歌曲，并在风景优美的地方设置一个小酒馆，能够给用户带来更多美的感受。

除了现实中的风景区，VR旅行还能满足游客太空旅行、穿越历史的愿望。这对许多人来说都是不敢期待的事情。登月是很多人的梦想，但是能够飞上月球的人太少了。为了弥补这种缺憾，Immersive Education制作虚拟现实视频“阿波罗11号”，许多VR头显设备都能观看。大英博物馆为游客提供VR设备，游客可以看到青铜时代人们居住的房屋。

尽管VR旅游在目前还处于起步阶段，很多内容还无法给大家带来更好的沉浸感和兴趣，但是随着各大风景区的带动，必然会越来越完善。那时渴望去西藏旅行的学生再也不用担心车票的价钱，只要租借一副VR眼镜，就能畅游布达拉宫。

医疗：健康领域的多面手

全球首例VR直播手术在英国伦敦皇家医院顺利完成，主刀医生沙菲一直是VR技术的拥护者和执行者。他认为VR技术将带来医疗保健和医学教育的革新，事实也正如他所说。我国腹腔镜外科专家郑民华用VR技术为一位直肠癌患者做切除手术，该手术过程也进行了全程直播。郑民华认为："采用VR技术直播手术对医学院学生的学习很有帮助。以后在远程会诊中也有很大的应用空间。"

在上海举办全球虚拟现实大会时，VR医疗研究专家格林利夫指出，在医疗实践的每一个环节都可能使用到VR技术。比如，日常锻炼、预防性诊断、术后康复等。尤其是医疗条件较差的偏远地区，VR技术的作用更大。

几乎所有医学院的学生都学习过解剖学。教师展示的方法多为解剖图和视频，但是在平面上终究不够形象。要是我们用VR技术来模拟心脏、眼球，然后在电脑上就像修图一样，拿起虚拟手术刀分离肌肉、角膜等，这种操作带来的记忆快速而深刻，能提高学生的学习效率。

外科医生也可以通过VR获得医术上的提高。以往医生主要靠积累实践经验来弥补不足。可是一个人的智慧总比不上对多人智慧的积累和创新。

我们再从成本的角度看VR医疗。许多医学院都会让学生解剖尸体来获得操作经验，但是能够提供的尸体十分紧缺。要是引入VR技术，学生进行解剖就好像画素描，随时随地可以在电脑上操作，还能防止被尸体感染。

事实上，医疗教学的每个方面都可以采用VR技术。当老师讲解如何清除螨虫的时候，无须大量的语言描绘，他可以让学生采用虚拟药物去攻击虚拟人体中的螨虫。在医疗培训中，VR十分必要。尤其是医护人员，我们在医院能看到这样的现象，一位病人被护士扎了几针，还没有找到血管。这必然会引起病人的不满。究其原因，就是实习期间实践不足。

现在医院的实习医生通常是由年纪比较大的医生带领巡视病房，围观手术过程。但是观摩的机会都十分有限，操作就更难了。学而不练只能停留在理论阶段。如果引进VR，年轻医生就能看到更多的病例，熟悉手术的方法。比如，一些外伤，儿童和成人的应对情况会有所不同。同样的疾病，不同的人表现出的态度差异很大。这对见习医生来说都是一种考验。利用VR技术可以帮他们熟悉不同的应对方法，以后在实践中才不会过于慌乱。就算遇到反应相似的病人，VR也有可以应用的地方。

在我国，许多人称中风为第二癌症，因为它也具备治愈难、死亡率高的特点。在澳大利亚，中风的严峻性要高于我国。据澳大利亚卫生部门统计，死于中风的男性比患前列腺癌的男性多；死于中风的女性比患乳腺癌死去的女性多；近年，首发和复发的中风病人大约每周1000例，以复发者居多。

许多中风病人通过治疗会有所好转，但是康复十分困难，为此，澳大利亚的一些科研机构开始研究VR技术是否能帮助中风者恢复。

澳大利亚默多克大学研发出一款VR康复系统，通过人机交互技术和虚拟情境来提高病人的协调性和平衡性，现在已经取得了一些成效。相关部门认为应该给中风病人研发虚拟现实游戏，这样能提高病人的灵活性。

有人认为，这不过是用现代科技扩大了物理疗法的使用范围，但是在治心理疾病上有很大缺失。案例中提到的康复系统可以虚拟情境，这正是心理治疗的关键。因为医生要引导患者想象或回忆场景，才能采用精神分析、认知疗法和行为疗法等心理治疗及技术。VR在还原环境上具有巨大的优势。

《英国精神病学杂志》上有文章认为，VR可以治癔症。这种症状在中风和癌症患者身上经常出现。从认知疗法来看，他们主观认为自己的病根本不可能康复。这会导致患者的崩溃，难以接受轻微的刺激。经医学部门研究，让患者在VR世界中正确面对他们害怕的场景，能够帮他们找到自信，从而提高康复的可能性。

事实上，自闭症、抑郁症、焦虑症等心理症状都可以通过VR来达到治疗的目的。比如，生活中，许多人都患有恐高症，这种症状严重影响乘飞机旅行。于是有航空公司针对恐高症开发VR模拟飞行程序。试验者在心理医生的指导下，戴上头显，然后通过软件控制虚拟环境中的飞机，直到适应飞行环境和了解飞行原理为止，这样就能慢慢克服心理障碍。

在治疗创伤、烧伤给个人造成的心理阴影方面，VR也有很好的表现。有人因为身体的损伤，再也无法完成一些以前的动作。VR可以帮助他们去完成，从而弥补他们的遗憾。

目前，还有卡伦临床VR康复系统、虚拟健身设备等。由此可见，未来VR在医疗业将融诊断、治疗、恢复、保健、心理疏导等功能于一体，必然能缓解一些地方就医困难的问题。

工业生产：虚拟技术对工业生产的全面渗入

近年来，随着经济全球化和科学技术的高速发展，许多国家在工业领域都发生了巨大的变化。尤其是虚拟技术的应用，对工业来说等同于一次革命。

随着用户需求个性化的发展，产品的设计更加多样化和精细化，产品设计师采用以往的二维工程图来制造，不仅无法满足用户的需求，也难以表现出自己对产品的预想。采用虚拟技术来进行工业生产，不仅能动态直观地看产品的性能，还可以利用交互技术和人们的使用场景相结合，促使工业设计理念和方法的飞跃。目前采用虚拟技术的领域有化工系统、汽车制造系统、工业品展示、机械系统。

具体场景为工业仿真演示、化工系统仿真、汽车制造系统仿真、产品装配演示、机械系统仿真等。企业若采用VR技术可降低企业风险、减少决策失误、提高数据处理能力、加速产品开发效率。下面我们主要来看看VR汽车仿真和工业仿真中的作用。

汽车仿真

简言之，先用计算机构造出虚拟环境，然后把轿车设计的各个环节放入其中检验。最重要的几大功能包括虚拟装配、协同设计、虚拟设计、虚拟培训、虚拟实验。

虚拟装配

顾名思义，就是在汽车的零部件尚未加工之前，利用虚拟装配系统，检验所设零部件之间的吻合状态。这样不仅能降低零部件制作的返工率，也能提高汽车装配的成功率。

协同设计

以往，汽车的零部件通常是由多个设计部门分工制造，这样的合作方式有很多弊端。比如，数据格式不统一，零件无法组合；零件的承受能力不一致，行驶中出现问题等。

协同平台可以快速获得不同部门的设计成果，然后快速组合出汽车的三维模型，问题出现在哪一环节很快就会被发现。

虚拟设计

虚拟现实可以通过产品数据管理技术和网络技术快速建模，通常用于设计车的类型。

虚拟培训

以往新员工要花费很长时间去学习汽车生产的技巧，但是依旧难避免在操作中出错。采用VR技术来培训，可以增强新员工对生产流程的了解，从而减少因失误给企业带来的损失。

虚拟实验

人们对汽车可靠性、动力性、安全性、经济性、舒适性都有很高的要求，所以制造汽车需要大量的实验，利用VR技术在计算机上做仿真实验，能够更快速地了解各个部分的性能。

工业仿真

有人听到工业仿真，难免会想到智能机器人。其实它不是简单的机器取代人工，而是基于数据库和用户需求而形成的一套系统，用于指导工业生产中的诸多环节。它的效果主要依托于VR仿真的软件。一款符合工业仿真的软件应该具备以下几点要求：能够准确模仿阻力、重力等客观因素；可以模仿物体动力产生的原理；可以支持多种用于碰撞的替代物；有丰富的交互手段。

VRP-PhYSICS系统（见图10-3）是一款VR物理系统引擎，不仅能应用在高端工业领域，还能应用于旅游教学、军事仿真等领域。该系统赋予虚拟场景中的物体以物理属性，并结合现实世界中的物理定律来运作。其功能主要有三大亮点：

高效算法

可检测连续碰撞；在大规模的运动中，精确计算局部的动量；能计算硬件加速需要的动能。

自定义机制

力学交互手段自定义；碰撞的实时响应自定义；碰撞替代品自定义。

效果真实

钢梯、柔体受力模拟准确；对运动物体受力逼真模拟；对重力、阻力等环境特征模拟精准。

图10-3 VRP-PhYSICS系统

现在，VRP-PhYSICS系统已经被众多工业行业所采用。应用的领域有：培训教学和生产线模拟；工业设施的交互操作；产品电子样品演示；大型机械设备运行原理仿真等。

关于工业品的展示效果，大家都能猜想到，不再提及。至于化工系统，以环境保护为例。我们认为环境对人类的危害，可以用VR技术模拟大气污染、水污染、环境变化对人起到警示作用。除此之外，虚拟现实的高速发展还会推动社会向智能化发展，从而减少人类对自然的破坏。

随着3D技术、数字化科技等前沿科学的发展，虚拟现实将会不断补充新的血液。未来必然会渗透到生产的多个方面，为生产制造业打造更加完善的产业链。

汽车：VR对汽车业的全方位影响

有一年，互联网上说退役的舒马赫在马路上超车被罚款。有人怀疑此事的真实性，但是他玩高山滑雪摔成重伤却是千真万确的事。未来VR技术的引入，许多追求速度和激情的人可能放弃一些危险的行为。

赛车是一项昂贵而且危险的运动。昂贵是因为没有好车想要获胜可能性很小，危险则是显而易见的，所以有了好车没技术和胆量也不行。著名赛车手阿隆索有个绝技就是过弯道不减速，这是很容易翻车的招式。据悉，F1赛事自举办以来，已经有200多人因事故丧生。

VR技术可以采用硬件和软件相结合的技术，打造一套虚拟驾驶系统，然后以极佳的沉浸感降低赛车爱好者的花销和危险。对于没有经济实力购买赛车的人，在家里安装一套虚拟驾驶系统或者去体验店感受一下也是不错的选择。而且你在赛车的选择上拥有主动权，你可以像玩极品飞车一样，挑选你喜欢的赛车。比如，选择举世闻名的法拉利赛车，然后在逼真的画面里体验速度带来的快感。相信那些喜欢在深夜飙车的青年人，也会有一些人选择虚拟驾驶系统来竞争。除了赛车，VR在汽车行业，还能给大家带来更多利好。

节省培训费

利用虚拟驾驶来学习驾驶，也会节省很多培训费。在我国，许多驾校都有这样的弊端，学员交了学费，但是驾驶车的时间却很少，从而导致考试不合格。为了解决这一难题，一些知名驾校都在计算机上安装了平面驾驶系统，让学员了解一些驾驶中的技巧。可平面驾驶无法让用户体验驾驶真车时所用的力度。要是采用VR技术设计好跟真实驾驶功能一样的座椅，再以VR头盔显示不同的路况，就跟真实的驾驶接近了。学员在训练时不必担心时间不足、车的类型有限等问题。对于培训机构来说，采用VR技术不仅能降低教学的成本，还能提高学员学习的质量。以往有些地方考驾照要近一年的时间，以后只用几个月就可以了。

目前来看，人们对汽车行业最主要的需求是学车和赛车。随着科技的不断发展，VR还会应用到无人驾驶、汽车展览、汽车定制等方面。

无人驾驶

说到无人驾驶，大家都不会陌生，早在20世纪70年代，就有许多国家致力于这一领域。现在谷歌、百度、乐视等巨头都在这项技术上取得了一定的成绩，但主要还是依靠人工智能技术。所需要的思维逻辑是技术人员对一些驾驶常识的编程，所以面对复杂的问题很难做出准确的反应，所以许多国家的交通部门认为，无人驾驶只能辅助驾驶。VR技术的引入，可以帮助交通部门打造远程遥控驾驶室。一旦无人驾驶的车辆出现了事故，指挥中心的人员也以通过远程VR驾驶室进入无人操作的车辆，再根据实际路况做出合理的选择，以保证交通的畅行无阻。

汽车定制

汽车的种类和样式在今天越来越多，但是许多用户还是很难找到一款特别符合自己心意的车。我们从互联网经济来分析，许多汽车制造商十分重视用户的反馈，可是认真思考的无非是许多人认为有缺陷的地方。这样一来很难满足用户的个性化需求。至于总有一款适合你的理念，对于大多数购车者来说，不过是通过大量比较，选一款还算满意的车辆。

我们来看看消费者的个性化发展到了什么程度。以前大家主要看车的功能。如今，外形、颜色、大小、用料、配置、核心技术等都是用户关心的问题。要是每一项都通过实物材料来制作，造成的浪费可想而知。采用VR技术，只要打造一个虚拟系统，然后根据用户的需求快速设计和组装，消费者就能对车有全面的了解。在组装的过程中，客户还可以随时提出修改要求，并和设计人员沟通修改意见。

汽车组装好以后，用户戴上VR头盔，可以看到汽车在虚拟赛道上的驾驶情况，甚至可以亲自动手操作一番。如果厂商有特别满意的产品，有必要先戴上VR头盔，自己体验一下，再决定是否量产。

福特汽车公司在这个世纪初，就采用VR做设计（见图10-4）。其VR设计专家巴隆曾说："用户希望感知汽车的质量，我们一直在寻求一种技术帮他们实现愿望。采用VR，可以让他们提前看到汽车的设计理念和成品的样子。虚拟驾驶的体验是他们购买的关键。"

图10-4　福特的虚拟技术

汽车产品，许多人最关心的就是安全性，所以提前让用户感知汽车的质量十分重要，否则一旦出现召回事件，造成的经济损失难以估计。比如，丰田汽车以价格低、油耗小著称，但是出现过多起中轴断裂的事件，威胁到用户的人身安全。一经报道，在我国的销售额大幅度降低。采用VR技术不仅能够防患于未然，还能做到精准营销，这样企业才能取得整体上的进步。

汽车展示

在汽车展示方面，VR的作用可媲美楼盘展示。许多人去过4S店，可用于展示的场地十分有限，展示的车辆也不多。如果想选一款自己还算认可的车，通常要跑上四五家4S店。但用VR来展示，用户选车的方式就不一样了。他可以宅在家中，戴上VR头盔，进入已经搭建好的虚拟4S店，可以看到成千上万台和实物一模一样的汽车。

你可以快速浏览，也可以打开车门，仔细检查方向盘、座椅的性能。如果有购买意向，只要点击车身，屏幕上就会弹出价格。这种体验将颠覆4S店的营销模式。我们不必担心花费太多时间购车，也不用担心车的种类不够。一个完备的虚拟汽车销售平台可以囊括国内外知名品牌的产品。既然线上体验优于线下体验，线下必然会面临毁灭性的打击。

每年全球不同规模的车展都会吸引很多观众，拥挤的人流给大家选车造成了极大的麻烦。VR车展将给那些望而却步的汽车爱好者带来巨大的福利。借用VR头显来亲临车展现场，对许多购车者来说是刚需。现在已经有一些公司介入这一领域。要是未来能够做到全景直播，必然会更受用户的欢迎。

VR对汽车行业的影响是全方位的，所以一些业内的巨头已经开始研发专属于自己的VR技术，比如，宝马、奥迪、丰田和沃尔沃等。我们拿沃尔沃为例，它以安全性为主打。可是许多人很想知道，采用什么材料和技术才能够在安全性上超越奔驰。随着VR技术的发展，这样的谜底将更好地展示给用户。

用户在了解车的同时，也增长了对车辆的鉴赏能力。这不仅对用户有极大的帮助，还会推动汽车企业不断提高产品质量和性能。可见，VR技术在汽车领域内潜力无限。

教育：虚拟校园

一次全国硕士研究生考试，北京一知名高校的美术系出了一道讨论题，请学生阐述在VR时代如何对艺术价值进行重塑。有的考生说，这应该是传媒系的题。有的考生说，作为一名大学生应该了解与时俱进的事物。当年浙江的高考作文题，题目如出一辙——针对虚拟现实和现实写作。

有人说，国家考试就是一个时代的风向标。上述题目也证实了这一点。如果说21世纪的头一个十年，互联网是商业界的主角，现在的趋势则是“VR+互联网”打造新的商机。一些业内人士从大学生就业的角度谈VR，认为高校有必要先进行VR科普，然后考生才能把作文写得更有深度。

在美国，华盛顿大学已经开设了虚拟现实课程。该课程由华盛顿大学计算机系和微软HoloLens团队合作开设，学员掌握相关知识后，会得到一款由HoloLens辅助开发的APP。国内的VR课程什么时候开设，还无从得知。

业内人士认为高校应该普及VR知识，是因为它有一天应用的范围可能跟计算机一样广泛，成为人们不可或缺的工作工具。我们再从知识的传播上来看。当下在线教育很火，尤其是一些知名辅导机构的在线课程更是获得了一般高校学生的欢迎。我以考研政治为例，全国最知名的辅导老师大多在北京的知名高校，外地考生很难去上他们的面授班。但是在线教育不仅能解决这个难题，考生还可以反复听课，很好地解决了教育资源缺欠的问题。这当中做得比较成功的是MOOC，不仅能向人们提供优秀的教育资源，还能采用大学的学分制给学员颁发国家承认的学历证书。

互联网让许多事物都平面化了，比如，教育、音乐、影视等。如果要说一位学生最多的互联网老师，许多人都会说百度。互联网在传播知识上，使人们摆脱了时间和空间的限制，而且每个人所受的教育资源是平等的。要是能给大家带来的效果也接近，许多人都会无比振奋。

这需要很长时间去完善。我们先从互联网授课的方式看。最常见的在线教育就是视频课，方式如同电视讲座，知识是单向传授的。老师会选择时间断断续续来讲授，学员要抽出时间来听课。不能连贯学习，许多知识学员就会遗忘。这样的教学方式比较适合简单的入门知识，比如，《百家讲坛》。关于一些历史上的人物和事件，演讲者尽力做到通俗易懂，而且不失精彩。有些事件就算我们一无所知，听过以后也能明白里面的知识点。可是我们所要掌握的知识不都是识记类型的。还有很多知识需要亲自操作、动脑思考，甚至通过假设、推理来得出结论，才能找到正确的使用方法。

我们看那些世界知名的球队，他们成功的许多经验来自与对手的对抗。学习也需要老师和学生之间的互动。在线视频最欠缺的就是学生提问、老师答疑解惑这一关键环节。同时学员之间的交流探讨也是重要的环节。如此学生才会时刻保持学习的专注度，从而提高学习效率。上述这些教育在线的问题，用VR都可以解决。

VR与在线教育相比有三大优点：第一是极佳的沉浸感，可以为学生提供良好的学习氛围，减少走神的现象；第二是呈现信息的方式具有多维性，可以提高学生的学习效率；第三是比在线教育互动感强，可以让师生、学生和学生之间进行交流沟通。

在牛津大学的在线公开课中，你可以看到教师在讲台前上课，但是你不能坐到讲台下听课。在VR教学中，你可以来到讲台下听课，并针对课堂的设置提出疑问，甚至可以跟同桌小声讨论问题。下课后，你可以跟同学到球场上打篮球。此外，听课地点也有很大的选择性。比如，今天在哥伦比亚大学听课，明天去剑桥大学听课，还可以去耶鲁大学跟知名教授讨论政治，并对社会热点事件提出自己的见解。

同时，VR展示内容的丰富性，也能让学员有更好的体验。互联网教育专家吕森林说："VR能够给大家带来高品质的体验。"究竟什么能代表高品质呢？比如，讲解植物园中的植物，传统的方法是印在书本上或录制在视频里，我们只了解它们的外形特征。VR不仅能逼真地展示植物，还能详细地分析内部纹理，讲解它的具体用途。所以VR在教学效果上非常卓越，尤其是那些对动手能力要求十分高的科目。

这正是许多人想要看到的大学，能够促进学习型社会的快速形成。要是VR能让这种大学变成现实，并获得被社会承认的学历，必然会在教育领域占有很大的比重。

现在，教育在线取代了一些辅导质量差的机构。要是VR技术能更加成熟，并与互联网相融合，很可能导致大学数量的减少。也许我们能看到这样的景象，全世界只剩下一些最优秀的大学，他们利用VR设备向外传播讲课的内容。世界上所有爱学习的人，只要戴上头盔，就能在互联网上挑选喜欢的VR名校。那时就算你不参加高考，也可以获得很好的教育资源。但是这些名校必然有审核的标准，所以得努力，才会毕业。此外，对于有专长的学生，这是快速吸收相关知识的机会，更有利于发挥自身优势。

设计：VR成就设计艺术的未来

著名油画家陈逸飞认为，艺术的未来是设计，而且自身也涉足于服装设计、环境设计等领域。他说："画家不要只埋头画画，应该关注那些跟视觉美有关的东西。"如今VR渗透到各行各业，作为再现美和创造美的设计师们一定不会忽视，多少年来他们一直在平面上驰骋想象，就算采用3D技术也是操作一些特定的软件，这种方式很难表现一些物体的体积感和质感。有了VR技术，他们有可能像雕塑家一样使作品立体化、真实化。

旧金山有一个设计工作室，从20世纪90年代就致力于VR研究，开发出的VR硬件受到Oculus、Leap Motion等公司的欢迎。谷歌青睐它在渲染方面的出色表现，将其纳入旗下。该工作室有一款叫作Tilt Brush的VR绘图应用，不少VR爱好者已经在互联网上看到它的概念视频，业内将其美誉为"马良的神笔"，可结合HTC Vive使用。有了这个绘图应用，设计师可以在一个立体空间内作画。那是一个虚拟的空间，你手中的手柄就是你的笔，想画什么你随心所欲，画出的东西是立体的。对于设计师来说，创作的媒体由2D变为3D，完成的是跟雕塑家一样的作品。

除了让画面立体化，VR技术对设计领域的影响还有很多。我们想想它可应用的场景，比如，服装设计、环境设计。设计师可以变成裁缝、装潢设计者。在没有VR之前，设计师要依靠想象来设计，难免和用户的房间及需求不相符。有了VR，他可以根据用户的房间来边想象边制造模型，甚至可以根据室内原本有的实物做艺术加工。对于用户需求他可以快速给出一个立体的效果图。要是修改，用户不用再像以前一样通过语言沟通，用手势指明想要修改的地方和范围就好，这样能提高设计师的工作效率。

此外，VR让设计师的远程协作变得更加简单。在没有VR之前，不在同一地方的设计师只能通过电话或互联网进行沟通，重要的步骤一定是由一个人先制作好样本分发给大家，然后分析大家的反馈，找一个适中的建议去修改。VR则不同，它能让大家一边推进工作，一边彼此探讨，无论谁都可以在设计中表现自己独到的创意。这样的做法不仅能降低沟通的成本，还能发挥每个成员的优点，设计出的产品会更加完美。

基于上述特点，未来每个设计师在VR世界都可能有一个专属的工作室。他想要打造一款产品，只需戴上VR头盔，找到设置好的按钮，就能进入自己的工作室，然后在立体的空间内，开始塑造符合用户需求的产品。这些工作室还可以通过设置，对大家开放。他在创作的过程中，用户和"粉丝"可以给他尚未完成的作品提出建议或批评，甚至对作品进行开发。这样设计师的作品就成了开源软件。画家也可以采用VR进行创作，并拥有一个可以让用户参与进来的虚拟画室。

就VR在设计领域的发展来看，最先应用的是工业领域，因为工业设计的程序是先画平面设计图，每个环节都要细致入微的体现，然后经大家讨论，开始着手建模，最后做出样品，反复修改，形成最终的产品。VR被引进后，再也不需要如此烦琐的流程了，从创意到形成作品一步到位，那就是设计师利用虚拟颜料直接画出一个虚拟实物来，然后再根据实际需要制造出样机。在制作的过程中，设计师就好像手中拿着橡皮，发现那里有问题，就可以马上进行修改。等到兼顾了每一个细节，再采用3D打印机，只需几分钟就能制造出一个样机，省时省力。

宝马汽车在20世纪90年代就采用了VR技术，但是那时的VR技术还不够成熟，所以成本十分高，只能应用于核心零部件的研发。随着虚拟现实技术的不断提升和普及，宝马在该技术上加大了使用力度。

据雷锋网透露，现在宝马的汽车设计不仅能实现车饰VR化，还能模拟出试驾场景（见图10-5），可帮助设计师快速修改草案。此外，分散在世界各地的设计师无须汇聚在一起讨论，只要戴上VR头盔，就能看到原型车，并按照自己的理念进行修改加工。这不仅提高了工作效率，还有利于生产出更多样式的汽车。

图10-5 宝马的虚拟路况

除了汽车设计师，其他领域的设计师也把目光转向VR技术，因为在这个快鱼吃慢鱼的竞争年代，不采用能提高效率的工具则意味着被淘汰。在未来，设计领域会发展成为一个融合多种技术和创意的多元化产业。

现在加拿大的一家装潢公司已经把室内设计和VR技术结合起来。美国的一个服装公司也采用VR技术辅助服装设计，顾客只要戴上眼镜，就可以试穿符合自己需求的衣服。我们可以试想，有一天，宝马公司和家装公司联手设计车的内饰，也可以联手服装公司给自己旗下的车队设计服装。

在这个跨界联合的时代，许多企业会因为一个纽带找到更好的融合点。VR技术将缩短它们融合的时间，并以更加多元化的创意来扩大自身的影响力。

科研：万能实验室

“学技术，到新东方。”这句广告词，相信许多人都有印象，网络上还有它的搞笑版。曾经有不少人到新东方学习烹饪、驾驶等技术。在VR时代，许多技术你都不用到技校学习和练习了，在虚拟技校里你可以如同玩《水果忍者》游戏一样地操练。类似的教学方法许多人都经历过，比如，学校对学生进行的防火救援、防震避难演练等，如果没有真实的场景，学生们很难体会危险的严重性。

有一些法学院会采用模拟法庭的方式来教学，模拟正式的法庭，并采用同样的审判程序。这样的教学跟实际情况非常相似，学生的学习成效会更加显著。除了模拟法庭，军事院校还会模拟战场。

现在在教学环节，肯为学生建立模拟场所的院校很少。尤其是基础教育，像生物这样急需实验室的科目，因为不是重点学科，所谓的实验操作也不过是做一些没有危险的操作。此外，实验的对象大多是小白鼠，不符合实际场景的需要。利用VR则可以解决许多学习和工作中的问题。

节省成本，提高实践能力

VR在教学中的作用主要是降低成本，并以真实的场景提高学生们的实践能力。此外，它不会受到人数和次数的限制，还能保证老师和学生之间的互动。比如，老师可以给学生发送虚拟产品来激励他好好学习，或者通过有奖竞猜的方式来调动学生们积极思考，这样不仅能活跃课堂的气氛，还能增进学生之间的友谊。

从VR的包容能力来看，它能把所有跟实验有关的场景容纳在内，并以完善的教学体系来贯穿。我们可以把实验场地放置到虚拟世界中，就好像投影仪、计算机被引进课堂，取代了传统的黑板一样。VR产品将再一次革新教学的工具，帮助学生们在实践性较强的科目上快速提高，以弥补教育资源不够和分配不均匀的现状。

不久前我去一所高校，一个即将毕业的学生说，自己每学期上机的次数不到5回，所以去工厂实习，还得先交培训费。个人认为，这是一些高校教育的弊端。简言之，学生的学费收效甚微。究其原因，学生众多，但是可利用的实验室很有限。有了VR，以后的实验课没有必要在实验室进行，而且安全，可获得的知识量也更大。比如，我们以前靠眼睛观察氯化钠的溶水过程很难发现微观的变化，VR可以很好地演示这一过程，这样学生不仅了解了现象，还明白了本质。

安全性强

在安全性上，VR兼顾的人群最为广泛。因为进行试验最多的人群是低年级的同学，许多学校采用的教学方式就是进行最初级、最安全的试验。可是这样的试验在生活中并不常见，而且抹杀了学生举一反三的思考空间。比如，酸碱中和反应，应用的是稀盐酸和氢氧化钠，很少有老师拿高盐酸做这个试验。可是许多学生更想知道后者的答案，然后只能去查百度，获得的知识大多是一个结果，无法在实际中应用。

适用领域广

就VR的优势来看，在生物、地理、化学、医学及语言等相关教学方面都可以采用。在生物课上，学生可以用虚拟的刀具解剖、用显微镜观察细泡、制作生物标本等。在地理课上，我们可以通过VR了解世界各地的地质情况。这种对知识的掌握不只是识记阶段，而是整体把握。在外语课上，你可以跟一个虚拟的外国朋友对话，从而矫正自己的发音。人们甚至可以许你一个万能的实验室，无论你想做哪一类的试验都会获得支持，而且有软件帮你记录和分析数据。

美国创业公司Labster的CTO波德卡尔在TED上发言，认为虚拟实验室会使科学教育发生颠覆式的变化。因为据心理学家分析，VR在内容和功能上的丰富性能够大幅度提高学生的学习效率，而且影响的范围远远超出课堂。所有操作性很强的技能都可以用它来提高。比如，就业面试时的技能展示、实际操作等。

许多企业都需要动手能力很强的员工，所以面试的时候难免让应聘者操作设备。面对这样的环节，应聘者完全可以利用VR提前演练，因为有所准备，成功的可能性也高。

很显然，我们可以结合自己的职业和兴趣来打造自己的VR实验室。学校和培训机构也可以根据自己的课程设置开发更多的试验场景，最后实现学以致用的终极目标。

文化：超级图书馆

《光明日报》上曾有一篇文章，探讨电子书是否能替代纸质媒体。有人从携带的便捷性上考虑，认为电子书替代纸质媒体是必然趋势。有人从健康的角度思考，认为电子产品对眼睛的伤害比较大，不适合长时间阅读，所以不能取代纸质媒体。要是有一种媒体可以融便携和健康于一体，必然会促进纸质传媒的革新。

《三联生活周刊》上有一篇文章写到，当电子书的阅读体验等同于纸质书，并且能够容纳《百科全书》《莎士比亚全集》等大部头作品，相信这种诱惑会让现代人变得无法抗拒。今天，VR的发展态势，让我们看到这类电子书面市的可能。

至今我都没有忘记高中时代，看着同桌的父亲给他买《四库全书》，是用汽车拉的，无比羡慕。在北京工作，闲暇时间总去国家图书馆看书。经常幻想自己有一个专属的图书馆，里面都是自己喜欢的书，可以心无旁骛地阅读。曾有一段时间，买了很多书。搬家的时候，搬运工说最不愿意给我们这样的人搬家，书柜又沉、又大，在走廊里转身困难。后来我也开始购买电子书，并下载很多免费的电子书。但是电子书的阅读体验不好，于是我又购买能缓解眼睛疲劳的视保屏和眼药水。

我一直期待有一种阅读产品，能让我读书有看投影般的轻松感。其实这也是广大书迷们的一个理想。当我们步入VR时代，理想的脚步近了。VR既然能让你去香榭大街，也必然能让你出入我国国家图书馆，并给你极佳的阅读体验。以国家图书馆为例，它有玻璃天窗，增强了阅览室内的亮度。要是光线太强，有有色玻璃做遮挡。这样的调节方式用VR头显完全可以做到。但是想要如同在真实图书馆内，取下一本书，再找一个安静的角落慢慢品读，有很大难度。就目前的科技水平来看，它的样子更像是世界公园，具有访问各大线上图书馆的功能。

当你戴上VR头显，通过相关的设置，就能来到图书的世界，你面前是全球最知名的图书馆。这些图书馆跟真实中的样子一模一样。国家图书馆以藏书多为特色，首都图书馆以现代化著称。你可以按照自己的喜好去选择。你来到文学类图书的专柜前，取下一本《包法利夫人》，它展示给你的方式不再是一排排黑字，而是你难以想象的综合视听。

作家福楼拜从一座古老的小镇向你走来，然后坐在你身边，给你讲一个乡下姑娘的爱情悲剧。在讲述的过程中，你想看看法国的农展会，福楼拜会从衣兜里掏出照片给你，让你对整个故事的情节有更深刻的记忆。在一些留下想象空间的段落面前，作者会拉你到故事现场，看看那些有象征意义的景物。VR要给你的阅读体验，不只文字，还有图片、语音、视频等。有人说太美好了，不敢奢望，但其实已经有公司着手打造此类超级图书馆了。

互联网巨头谷歌向相关部门申请过两个专利，一个名为“媒体增强立体书”（见图10-6），另一个为“交互式图书”。据悉，这两款图书不仅能缓解读者的视觉疲劳，还能让书本生动活泼地再现故事，并与读者产生互动。迪士尼曾采用增强现实技术给图书上色。我们也有VR科普类图书《恐龙世界大冒险丛书》。

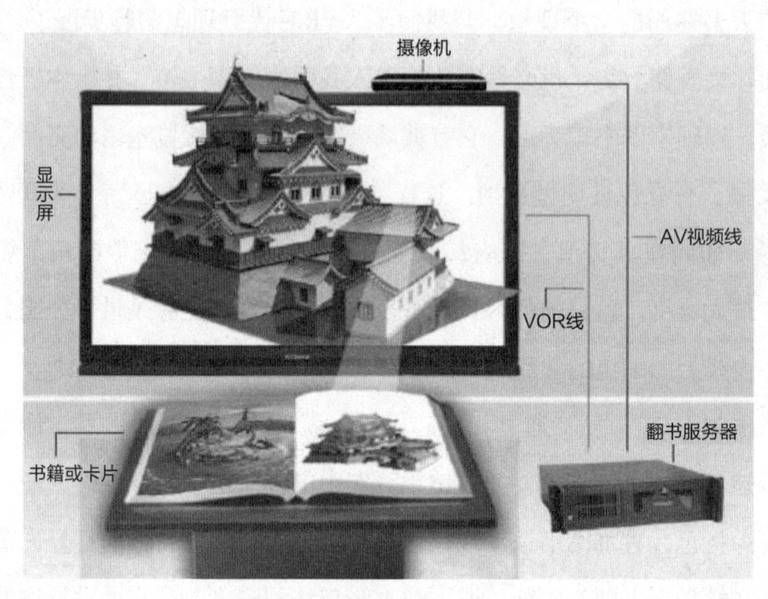

图10-6 媒体增强立体书

案例中，谷歌、迪士尼从阅读体验入手。我们国家的一些图书以受众人群为切入，并以VR体验为带动。不管采用什么样的经营模式，最终都是为了以全新的阅读体验来满足用户不断改变的阅读需求。

但是我们只依靠VR技术的提高是不够的，还需要信息采集系统、图书馆漫游系统和信息储存系统的全方位提高。尤其是图书馆漫游系统，想要在VR世界塑造真实的图书馆，它是关键。我们都说，图书馆是一个城市的灵魂，除了有藏书，还要有优雅的环境、帮助读者进步的服务。比如，广州图书馆内有创客空间，可以帮助读者进行一些创造活动。市面上有一本《虚拟现实图书馆》的书，介绍了VR图书馆的具体应用办法，大家可以参考一下。

显然，现在的VR图书馆跟理想中的图书馆还有很大差距，相关技术的逐渐完善还需要一些时间。但是有谷歌、迪士尼这些巨头做探索，必然会带来快速的发展。已经有其他公司宣称要打造世界上最大的虚拟现实图书馆了。

此外，一些书店和大学的图书馆也开设了虚拟阅读项目。比如，Zoomil在线书店采用3D技术，虚拟现实中的书店。如果你想要购买，通过链接可以到亚马逊下单。

从记忆的角度看，VR的阅读模式要比传统阅读高很多。在商业模式上，虚拟现实图书馆购书更快捷、更实惠。相信随着科技的进步，人们的阅读会有无比欣喜的体验。

考古：漫游历史博物馆

不久前，有新闻报道，考古学家发现了吕布的遗骨。相关部门采用还原技术，再现吕布年轻时的容貌，果真高大英俊、筋骨强壮。我们试想一下，要是采用VR技术，吕布不仅可以“起死回生”，甚至可以骑上赤兔马大战张飞。此类案例，在其他领域早就上演。

周杰伦曾在台北小巨蛋举办世界巡回演唱会，过世多年的邓丽君突然登台，与周杰伦对唱。要是没有VR技术做支撑，只能采用超级模仿秀的形式。但是找一个长相、声音都像邓丽君的演唱者并不容易。北京动物园还曾用VR技术让角龙复活。

让死者和动物复活不过是VR技术中的雕虫小技。VR还可以虚拟《清明上河图》中的世界，虚拟博物馆，直播考古大发现等。

著名书法家黄庭坚的书法作品《砥柱铭》价值4亿多，每个字平均70万元，这样珍贵的文物一定会被收藏。还有一些青铜器、瓷器也价值不菲，在普通的博物馆很难看见。就算国家博物馆展览有时也用复制品。我在国家博物馆看过复制的《侯马盟书》。博物馆之所以用复制品，是因为这些文物每展出一次，就会老化一次，就算收藏很好的文物，也有被氧化的可能。所以不采取一些保护措施，文物会越来越少。

但是复制品有一个缺点，就是形式虽然一模一样，但是没有原件那种风雨侵蚀留下的历史厚重感。有些器皿还得做旧，工序烦琐，反而不如利用VR。VR能够把这些文物一比一复制，然后放置在一个虚拟的博物馆中。因为这个博物馆是虚拟的，所以收藏的藏品不分种类，模仿的样式也不受限制。我们可以收藏骨哨、明朝的家具、非洲土著人的饰品、闻名世界的雕塑等。背景可以是卢浮宫、大英博物馆等，也可以是由多个博物馆组成的超级博物馆。

参观这个虚拟博物馆的用户不需要购买门票，只要能够联网，就可以通过VR设备观看。想看什么类型的内容只要查找目录就可以，里面会有很多分类，比如，中国文化、印度文化、玛雅文化等。这个博物馆收录的文物不只是小件的文物，像文化名楼黄鹤楼也能放入其中。大家想要了解历史文物就不需要看太多相关资料了，我们可以在国内外的文化中自由穿越。

据悉，全世界已经有很多博物馆和科技公司联合，推出VR展览业务。百度百科对百家博物馆进行实地拍摄，制作的VR视频包括自贡恐龙博物馆、云冈博物馆（见图10-7）、三星堆博物馆、中国园林博物馆等。

图10-7 云冈博物馆的VR展示

因为VR科技还没发展到一定高度，所以很难打造一个超级博物馆。但是所取得的成绩已经足以让人惊喜了。人们可以在虚拟世界来到盛唐，或者来到人迹罕至的原始森林，这对参观者来说都是难以想象的体验。

一旦超级博物馆搭建好，我们可以在某些主题中寻找自己的参与感。比如，许多男孩子都有英雄情结。博物馆可打造楼兰古战场，让他们欣赏“黄沙百战穿金甲”的大漠风光。也可以推出亚马逊之旅，让大家安全地接触体型巨大的水蟒。以后的博物馆将兼具庄严、生动、丰富等优势。

当然，这是一个非常艰巨的工程，只有技术人员远远不够，还需要历史学家、文学家、画家、考古学家一同协作，才能打造出准确、内涵丰富、内容精彩的VR视频。人类的历史长河，许多点滴开发好以后，取得的文化和经济价值都不可估量。比如，还原书上记载的阿房宫，一定会有很多人参观。

所以，VR博物馆已经启动，但是任重道远。如今VR在博物馆的应用上，主要还是用来展示文物，一小部分用来还原考古现场。比如，大家所熟知的殷墟，其妇好墓考古坑现场有11台VR眼镜，游客通过它可以看到墓穴的格局。

历史文物是祖先留给后代的宝贵遗产，它记载着人类文明的传承过程。相信许多人都希望欣赏到更多文化遗产，预期VR博物馆不会让大家等待太久。

建筑：历史的遗憾

新中国成立不久以后，苏联专家对北京市提出了城市规划，可是他们并不了解我国古代建筑发展史。北京人用“内九外七皇城四”来概括过去北京的布局，包括内城、外城、紫禁城共二十座城门，每座城门都有自己独特的作用。我就说几个广为人知的，东直门是用来运输砖瓦和木材的，西直门运送水，崇文门走酒车，德胜门走兵车。至于历史书上记载最详细的永定门，位于北京城的中轴线上，是北京外城的正门，寓意为“永远安定”，始建于明嘉靖年间，乾隆年间重新修建瓮城。1951年为了改善当地的交通，拆除了瓮城，1957年城门和箭楼被拆除，其他城门也被大规模拆除。

著名建筑学家梁思成和陈占祥把北京城视为“中国古代都市最后的结晶”，当然不同意苏联专家的方案。于是共同起草长达2.5万字的《关于中央人民政府行政中心区位置的建议》，阐述利弊关系，并用设计图做辅证。这就是北京规划史上最著名的“梁陈方案”。方案本着“新旧两立，古今兼顾”的原则，建议北京城做整体系统的规划。但是由于种种原因，二人的建议没被采纳，给我国的建筑史留下了难以弥补的遗憾。

在今天，一些城市在规划方面还是有很多不足。比如，楼盘没有格局，道路一再翻修。当VR技术成熟以后，将极大改善这种状况。规划专家白涛认为，虚拟现实对规划城市、展示城市形象、宣传城市建设都有帮助，而且有利于决策者做出正确选择。

有人听过虚拟城市、数字城市、三维规划的名词。三者的核心技术就是虚拟现实技术。它具备三大优点：形象直观，有利于设计者和决策者沟通；用户可以快速浏览建筑物和变换观察视角；因为采用数字化手段，维护和更新更加容易。

火凤凰数字城市仿真系统（见图10–8）在城市规划中用途广泛。首先，用户能在逼真的虚拟环境下，认真审视城市以后将要修建的区域。用户在选用这套系统时，必须借助一些硬件设备，数据头盔、方位跟踪器、立体眼镜、大视角投影仪、数据手套等。

图10–8 火凤凰数字仿真系统

其最突出的表现是城市设计、修建和规划。尤其能再现一些很有人文情怀的古城，让人们在虚拟场景中找到诗情画意的感觉。

还有一种虚拟城市系统，也被称为数字城市沙盘系统。它与火凤凰数字城市相比，最大的优势是有GIS城市地理信息系统，这对铺路、架桥和修隧道来讲都十分重要。

我就从道路桥梁和轨道交通两方面来说虚拟现实的重要作用。在道路桥梁方面，VR可借助多媒体信息和各类数据的辅助来进行实时定位和实时导航，并能模拟一些特殊情况。虚拟现实在轨道交通方面，不仅能模仿交通工具的构造，还能虚拟从运行到维修所需要的真实环境。我们试想，如果1951年北京城改善交通时有案例中的一个系统，都可能对古建筑有更多的保留。

业内人士预测，未来VR技术必将给城市规划带来颠覆性的变化。主要表现在以下几个方面：未来对城市规划的展示方案很可能只是一个VR视频，里面附带对各个项目的预算成本和可行性方案。这对一些大型工程的报批、投标、规划、管理都很有帮助；对某个项目做好规划，主要目的是规避风险，人们戴上头盔就能在规划的项目中观察，并针对设计上出现的细节进行弥补，以防止风险的出现；以往设计一个城市规划图可能要几个月的时间，未来制作城市规划图，只要一套VR城市规划系统。对城市布局的更改，大家可以很直观地看到效果。如果有拆迁任务，可向民众展示规划图，能减少拆迁过程中的阻力。

利用VR来做城市规划在国外已经有很多成功的案例。比如，澳大利亚的布里斯班。该城市研发了一套3D虚拟现实规划软件，并制作出VR模型，市民可以在网上观看自己城市未来的样子。市长曼尼说："我们让市民看到城市的VR模型，是为了更好地吸取大家的建议。"

我国的一些城市已经开始采用VR进行城市规划，例如青海、柳州等。《南国今报》报道，柳州勘察测绘研究院已经开发出能够展现楼房内部环境的样板房，下一步就是推出柳州城市规划的数字沙盘，给市民身临其境的体验。

人们说从大处着眼，从小处着手。与城市规划相比，建筑设计更为具体，对设计图可视化的要求更加严格，而可视化正是VR的优势。当设计师接到项目以后，只要在VR系统平台上输入相关参数、风格和项目所处的地理位置，平台很快就会生成一个虚拟的模型，它就是设计师设计的底稿，设计师将很快提交一个可行性方案。比如，有一个叫“smart+”的设计平台，可以在半个小时内帮助设计师生成虚拟实景图，客户戴上头盔就能全面观看三维的建筑模型。

在城市规划方面，VR对传统建筑方式的颠覆已经得到了许多业内人士的认可。就目前VR技术的发展速度来看，有专家预言，再有五年时间，虚拟建筑可以达到跟实物一样的效果。我们有理由相信，在VR时代，规划者面对如同“梁陈方案”一样的规划时，必然会给出很客观的决策。

VR与农业：请君放心品尝

中国品牌农业网曾报道，我国优质农产品开发协会打造VR农产品销售展示平台。顾客可以了解农产品生产基地的规模、科技实力、产品的功能等。

此举堪称弥补了我国在VR应用领域的一个空白，而且还是关系到国计民生的大事。前些天，邻居跟我抱怨说：“现在的孩子真可悲，吃点纯天然的东西太难了。”事实也正是如此，媒体曝光了很多农产品的安全事件。比如，用硫黄处理榛子，以求颜色好看；大枣和猕猴桃嫁接，增加产量等。这种真假难辨的情况，让人心中不安，就算是从大型超市购买的粮油也难免让人心存疑虑。

所以，农业部门有必要为销售商、生产者和消费者之间提供一种新的交易方式，从而挽回这种信任危机。第一个环节就是选货，现在的经销商和消费者大多喜欢在家等送货上门，因为缺少亲自触摸和品尝的环节，有人难免购买到劣等产品。

为了杜绝此类事情产生，中国优质农产品协会把虚拟展示平台设立在一个只有30平方米的办公室内。展示的方式是三维建模，而不是常用的360度视频。一位顾客戴上VR设备，看到名为“普洱优质农产品展示中心”的虚拟场馆，打开场馆大门以后，货架上摆满了不同种类的农产品。顾客将手柄直对展厅，按上方的按钮，就可以在各个货架之间自由行走。

顾客走到一把造型精巧的工艺壶面前，只要按手柄上的右键，就可以把壶拿起来认真观察。但是一松开按钮，壶就重重摔在地上，碎片清晰可见。

展厅一层是普洱茶饼、木瓜、芒果、核桃露的展示区，顾客不仅可以用手柄取物，还能看产品的说明书。逛完2000多平方米的一层展厅，再来到二层，那是“天赐普洱体验区”。你用手柄发出的激光点击展示的茶，提示框会显示它的产地、产量、生产企业。如果你想要购买，只要点击购物车，就能完成交易。再点产品旁边的电视屏幕，你能看到这种茶叶的生长环境，那里绿水绕青山，雨雾迷茫，你从心中就会认可它是好茶。

目前这个体验区还只能给顾客提供试听体验，其他如嗅觉、触觉、力感等体验还正在研发中。相关负责人CalvinTeng精通计算机和VR，他说：“对于农产品，许多人习惯用嗅觉来辨别优劣，现在我正在开发这项功能。办法就是用特殊的VR设备从产品和产品产地采集香气，然后释放出来，让人们在观赏农产品时，有更加逼真的感受。”

我们对农产品的信任程度，大多来自对它的体验层次，越是熟悉，越是体验细微，越能够调动购买欲望。比如，我们买蜂蜜，要是能闻到槐花香或者桂花香，都会在心理上有更深层次的满足。这样的营销方式，除了采用VR，其他方法很难做到。

我们来看看用VR营销的其他优势。

省时省心

对于用户来说，VR真实地反映了产品的质量，所以就没有必要非得去产地或实体店挑选了。经销商可以避免运输农产品时难以保鲜的难题。这种营销模式对买卖双方来说是互利互惠的。

高回报

所谓高回报，不单是销售额有多高，还要看所用的成本。以往实体展厅，面积越大租金越贵，还要应对产品变质的问题。我们以北京为例，租一个4000平方米的展厅，是一笔不小的开支。用VR展示，需要多大的空间，在设备上调整就可以了，而且费用不会有多少变化，更不用担心天气和地域造成的销路不畅。此外，借用互联网来交易，覆盖的人群也更广。

省人力

商家可以用人工智能代替店员的服务。这种交流方式比电商更亲切和真实。现在淘宝也将要使用VR技术打造更有亲和力的购物环境。优质农产品开发协会可尝试跟淘宝合作。

更高的附加值

在VR中，顾客可以了解普洱茶的历史、产地及相关故事，无形中能提高它的文化品位。这可以为产品带来很高的附加值。我们再从大数据的角度来看利用VR的价值。顾客购买了什么产品、在每款产品前驻足的时间，都会被VR记录下来。我们可以通过这些数据分析用户习惯，从而改变进货方式或进行二次营销。

巨大的市场潜力

我国VR的潜在用户达4.5亿，未来五年内VR硬件的数量会有3~5倍的增长，它所创造的价值有可能很快就会突破550亿。

民以食为天，再加上有这么多的潜在用户，我们相信，VR在农业上有很大的潜力可挖。关键要多给自己提出几个问题，并想出解决的办法。比如，怎么向用户介绍生产的工序？如何说明食品的来源？用什么方式证明食品安全？怎么能快速得到消费者的信任？

麦当劳也采用VR进行过宣传，不仅展示了食品来源，还展示了生产工序。此外，我们在视频中还能体验收割机收割农作物的喜悦。我们从而了解了麦当劳的整个供应链。

我们再来看一看，VR在农业生产中可以应用的领域。

虚拟植物

农户可以用VR设备收集植物的生长数据，以保证灌溉、施肥的时间和用量精确化。

虚拟害虫

用VR设备虚拟不同害虫的活动时间、活动方式，从而确定喷洒农药的最佳时间和剂量。

虚拟养殖环境

通过对动物机体的检查，分析出它的最佳生存环境，然后向这一方向调整，并为动物提供它所需要的营养。

虚拟自然环境

自然灾害对农业的危害最大。我们可以用VR设备模拟自然界的风和雨，从而想出应对的措施。

虚拟农业是VR技术、信息科技和农业科学的高度结合。VR对农产品生长、销售的各个环节都有很大的帮助。我们利用VR降低年农产品生产和销售的成本，并提高用户对农产品的信任度，可见VR技术对农业大有裨益。

灾难：险情及救助演练

中国江苏网曾报道，盐城先锋国际广场酒店写字楼工程，打造建筑施工实景模拟体验馆，可为建筑工人提供安全体验教育，可体验高空坠物砸头、高空坠落等常见险情，真实感十分逼真。

杜善文是一名架子工，先后体验了高空坠物和洞口坠落给人带来的伤害。他戴好安全帽，站到指定的位置，过一会儿一个铁球从高处落下，砸在他的帽子上。他感受到了那巨大的撞击力，对工作人员说："如果不戴安全帽，一定会是重伤。"

洞口坠落是工人们最喜欢的体验区。该体验区是二层小楼，体验者走上二楼，在房屋内有一个电控的活动板，板子下有软垫。杜善文走到活动板上，工作人员按动开关，洞口大开，杜善文恐惧到大脑一片空白。他对跟踪采访的记者说："千万不要违章作业，更不要冒险作业，后果不堪设想。"

体验馆的负责人宗荣对盐城晚报记者说："体验馆所采用的实景项目都是工地上最常见的事故，除了高空坠物、洞口坠落，还有触电、支架断裂、火灾等体验项目，目的就是让工人知道一些危险行为或险情所带来的后果，从而增加自我保护意识，并能够采用正确的方式救援处于险情中的同伴。"

在体验馆里，记者戴上VR头盔，也体验了一把由惊险带来的刺激。镜头中，在高空悬挂的一捆钢筋突然坠落，记者大声惊呼，然后用手遮住头。

该项目的安全员王正说："工人有了切身体验，才会珍爱生命。"

杜善文对体验的总结是，听再多的安全教育，都不如体验一次记忆深刻。宗荣对记者说："我们公司投资35万元建造这个体验馆，其实也是新员工入职的考场。要是他们在这里一再犯错，就无法上岗。"

在广州也有这样的体验馆，项目大同小异。负责人说："传统的安全教育是读规章、看险情视频、签安全操作协议书，完全不如体验式教育效果好。让工人切身体验违规操作的危害，会促使他熟练掌握安全操作，从而保证自己和他人的人身安全。"

如今建筑业发达，有些工地上施工人员有几千人，如果不经过安全培训就上岗，一些违规操作不仅会危及工人的生命，还会影响工作的进行。因此打造VR施工体验馆对避免险情和险情求助都十分重要。

类似建筑业的高风险行业还有很多，比如，采煤、采石油等，所以必须对员工做好避难救援的培训，这样才能在突如其来的危险面前做出正确的应急措施，从而避免事故发生，保障员工和企业的安全。

利用VR进行应急救援培训跟传统的应急救援培训比，具有成本低、效率高的优势，此外还不受时间和场地的限制。

为此，不同的企业应该根据自己的工作特点，打造一套适用于自己员工的VR培训课程和系统。虚拟现实在展示的过程中因多角度显示灾难的全过程，让受训者了解如何在险情面前合理应对、快速决策，以保障自己和他人的安全。

在现实生活中，我们常见的险情类型有防空灾害、爆炸灾害、地震灾害、泄露灾害、火灾等。虚拟现实的应急救援系统，首先应该设置好灾难的类型，随后是分析险情出现的原因，一可能是人为的，二可能是由一些事故造成的。我们不仅要模拟人们在危险环境中可能做出的举动，还要弄清楚事故产生的原因和能够带来的危害。

我们再来看看VR应急演练系统应该设定的目标和必需的模块。最关键的目标是应该被发现的问题，随后是评测应急预案的可行性和适用性，最后是促进各部门的协作。系统必备的模块是三维场景、角色训练、过程记录、协同演练、突发事件演练考核、预案演练考核、演练环境控制。

在上述模块中，有人对角色训练和环境控制可能不太理解。所谓角色训练，是指在险情面前，不同的人有不同的责任和权力。比如，专业救援人员、援助指挥中心、社会救援人员应该各司其职。演练环境控制是指，在训练过程中人为增加突发事件，使演练的环境变得更加复杂，从而提高受训者随机应变的能力。比如，电影《哥斯拉2》中，指挥中心原限制武器使用，可是怪兽太强大，只能解除限制。可是怪兽体内有放射性原料，摧毁不是最佳选择，所以要启动注入冷冻液的预案。除了灾难调整、援救力量调整、新任务下达，我们还不能忽视演练过程中的天气变化。尤其是火灾，风会使险情扩大化。

目前常见的应急演练仿真培训系统分为四大类：火灾演练仿真系统、地震演练仿真系统、煤矿应急演练仿真系统、石油应急演练仿真系统。按照事件发生的概率和通用性，这里只说石油应急演练和煤矿应急演练。

石油应急演练系统可以应用的范围包括石油区火灾预警、灾难现场指挥、灾难现场人员疏散和救援、灾难的原因调查、应急人员训练。

近年最震惊国人的灾难莫过于天津塘沽爆炸事故，在灭火的过程中还有两次爆炸。据《企业职工伤亡事故经济损失统计标准》统计，直接经济损失68.66亿元。经国务院调查组认定，此爆炸案是一起非常严重的生产责任安全事故。在这类事故中，石油应急演练系统中的火灾预警、灾难原因调查、灾难现场指挥都能起到很好的作用。尤其是灾难原因调查。只有查出原因，才能确保以后不再发生类似的事情。

煤矿应急演练系统由实战培训和理论培训两部分组成。实战部分为员工提供逼真可互动的虚拟现实演练场景。理论部分主要以三维方式准确而生动地讲解应急知识。经过这一系统的训练，建筑施工中的洞口坠落也能正确应对。

下面我们来看看一些优秀的应急演练系统。企业可在它们的基础上开发出新的系统。

北京市安全生产监督管理局研发出矿山应急演练系统（见图10–9）。该系统通过VR技术和计算机创造矿山灾难事故的仿真场景，然后把它作为矿山应急救援人员的日常训练课，可快速提升应急人员的实战水平。该系统和传统救援课程相比，具有科学性、安全性、节约性、灵活性等优势。灵活性体现在可以自己选择灾情进行演练。科学性是指对救援过程有全面的评估，可促使应急人员去改进。

图10–9 矿山应急演练系统

搜维尔虚拟现实应急预案系统是由搜维尔研究室研发的，主要特点是超强的数据兼容性、良好的交互性、极佳的扩展性。它可以结合其他应急系统来使用，内容包括重大危险源管理要求、应急资源调配解决方案、事故模拟和分析、全息信息查询等。

这些年，我国对安全生产十分重视，再加上对国外一些VR应急系统的借鉴，在安全领域的应急水平已经有了很大的进步。将VR系统应用于安全培训，不仅能帮助员工快速掌握工作进程中的风险控制，也能让员工对险情做出及时、准确的判断，从而采用有效的应对措施。

能源：国家和企业的支柱

能源，一直是困扰国家和企业的头等问题。近年来国家倡导供给侧改革，就是因为诸多企业对能源的执行效率低，而且开采利用的成本过高。究其原因，既有技术层面的，也有产业结构层面的。因此有业内人士倡导用VR技术来解决能源利用不合理的局面。

能源的主要领域包括石油、燃气、水利、煤炭、电力。适用于它们的仿真系统包括以下几种：虚拟现实能源原料管理系统、虚拟现实能源知识管理系统、虚拟现实能源测试系统、虚拟现实能源生产系统、虚拟现实能源应急预案可视化系统。采用这些系统的意义有以下几点：改变传统能源行业效率低下的局面，促进能源安全高效生产，促进产业结构调整和升级，帮助企业进行优化，用于危险评估、生产管理和员工培训。

还记得“电饭煲事件”——国人在日本购买电饭煲。一位消费者说的话让人深思：“我国的电饭煲只在乎把饭煮熟，而日本研究怎么能把米饭煮好吃。”现在许多家电企业都在提高产品的功能，这是高效利用能源的一种方式。还有许多的方式可采用，比如，瑞士用钢制造笔头，这类高精尖的技术，国内做得并不好。诸如此类问题，正确的应用VR技术都会得到提高或解决。下面我们先来看看VR技术在几大能源领域的应用，然后再看看几款实用性极强的VR系统。

电力仿真

在这个全媒体时代，没有电，人们的生活、娱乐、工作都会受到一定的影响，因此把电力仿真放在第一位来说。目前电力仿真主要应用于电站，主要是对员工进行培训，最终目标是保证电力的安全生产。

电力仿真和电力生产之间的关系是相辅相成的，电力仿真技术的发展，为电力安全生产提供了保障。电力生产方式的多样化和自动化，给电力仿真提供了新的内容。

水利仿真

水利仿真主要是用VR技术和计算机建立水利的三维模型，内容包括泄洪道、坝体、导流洞、地下厂房、管线布局和相关设备。

石油仿真

石油因为用途多、资源有限而被人们关注，它的开采具有高风险、高投入、高产出的特点。就是因为这些特点，很多企业非常重视石油的生产过程，尤其是管理和监控。石油仿真不仅能模拟钻采过程，还能模拟石油化工工艺、石油应急救援、石油装配操作等。这些不仅能提高工人的工作效率，还能避免事故的发生。

煤矿仿真

关于煤矿的安全问题，一直让企业和工人担忧。利用煤矿仿真系统的主要目的是让员工对危险环境有全面的认识，并提高救援的能力。在采煤的过程中，坍塌、水灾、爆炸、火灾都有可能发生，避难的方法也各有不同。仿真技术要通过打造可视化的环境，让员工掌握不同的救援方法。仿真技术的交互技术，还能让大家体验到不同险情中的感受，从而对极端环境下的操作流程记忆更深刻。

下面我们一起来看看一些应用在能源领域的虚拟仿真系统。

应急事故虚拟现实仿真系统（见图10-10）是一款针对大型储罐区研发的安全培训系统。在许多城市都有大型的石油罐区，一旦操作不当可能带来爆炸、火灾等事故，其杀伤力大家可想而知。因此石油企业对工作在那里的人员有很高的要求，采用的VR仿真系统在硬件和软件方面都堪称卓越。

图10-10 应急事故虚拟现实仿真系统

系统采用的软件和硬件都是业内的高端产品。教学方式上采用情境教学法，先由虚拟现实技术构建石油工作的逼真场景，然后传导风险评估、危害辨识、救援技巧等知识。该系统能快速提高工作人员的临场操控能力，此外，还能提高心理素质，减少灾难的发生。

核电站三维仿真培训系统跟应急事故虚拟现实仿真系统相比，最大的优势就是对员工培训的成本更低了。它首先要模拟核电站的基础设施，比如，汽轮机、反应堆、主控室、燃烧棒及其他装置。然后才是培训的内容，比如，操作系统仿真、发电原理仿真、元件组装仿真、燃烧棒替换仿真等。

以往核电站会采用操作模拟器的方法来培训员工，这样的培训方式价格昂贵，而且受到模拟器数量的限制，许多初级学员要很长时间才能完成培训任务，利用仿真系统则能帮助企业解决此类问题。

此外，还有电力检测虚拟现实监控系统、变电站虚拟现实系统、沉浸式仿真油田系统等。企业可以根据自身的需要进行选择和开发，但切记以下几点要求：机械的操作环境要有真实感；操作的方式要符合物理原理；应用系统要具有扩散性；要兼顾一些后续工作。从科技的发展看，VR技术不仅能帮助人们更好地利用资源，还有可能发现新的能源。